国家科学技术学术著作出版基金资助出版

供水管网漏损控制关键技术及应用示范

陶　涛　尹大强　信昆仑　编著

中国建筑工业出版社

图书在版编目（CIP）数据

供水管网漏损控制关键技术及应用示范 / 陶涛，尹
大强，信昆仑编著. — 北京：中国建筑工业出版社，
2022.3

ISBN 978-7-112-27007-1

Ⅰ.①供… Ⅱ.①陶… ②尹… ③信… Ⅲ.①给水管
道—管网—水管防漏 Ⅳ.①TU991.61

中国版本图书馆 CIP 数据核字（2021）第 269853 号

本书依托"十三五"国家科技重大专项——水体污染控制与治理专项的"太湖流域综合调控重点示范"项目，内容涉及供水管网漏损控制的基本理论、主要漏损控制技术及其对应的漏损控制案例，包括漏损控制的水量平衡与表务分析、管网优化分区技术、管网漏损区域识别技术、压力调控技术、管网检漏技术及设备、智慧管理平台等内容，结合相关供水企业实践进行详尽的应用案例分析，全面系统地介绍供水管网漏损控制的关键技术与应用。具体而言，本书共分为 7 章，基于对国内外供水管网漏损状况的统计和调研，针对供水管网的漏损控制问题，从工程技术与管理措施方面全面提出了可供国内供水企业参考的相应对策，具有扎实的理论研究基础、先进的技术及实用的工程参考价值。

本书可供从事供水管网漏损控制工作的同行借鉴和参考，也可作为城市供水管网设计、运行和管理相关专业的教学和科研参考书。

责任编辑：于　莉　王美玲
责任校对：张惠雯

供水管网漏损控制关键技术及应用示范
陶　涛　尹大强　信昆仑　编著
*
中国建筑工业出版社出版、发行（北京海淀三里河路 9 号）
各地新华书店、建筑书店经销
北京红光制版公司制版
北京建筑工业印刷厂印刷
*

开本：787 毫米×1092 毫米　1/16　印张：12¼　字数：303 千字
2022 年 3 月第一版　　2022 年 3 月第一次印刷
定价：**50.00 元**
ISBN 978-7-112-27007-1
（38710）

序

  水资源是保障人民正常生活、生产和社会经济发展的重要资源之一。供水管网作为城市生命线工程的重要组成部分，是城市绿色发展和繁荣的重要基础设施，为城市经济增长、人民安定生活提供着坚实保障。然而，由于不同时期的管网管材质量差异、管网设施老化、管网超负荷运行及缺乏先进科学管理技术水平等原因，城市供水管网仍然存在比较严重的漏损问题，造成了水资源严重浪费，加剧了水资源供需矛盾，还带来供水成本增加、管网建设投资增大、供水可靠性降低等负面影响。

  长期以来，政府、企业和科技人员在供水管网漏损控制研究和技术应用领域做出了巨大努力，取得了显著的成就。2014 年党中央提出了"节水优先"的治水方针，2015 年国务院出台了《水污染防治行动计划》（"水十条"），明确提出"到 2020 年，全国公共供水管网漏损率控制在 10％以内"。近日，国家发展和改革委员会等部门印发《"十四五"节水型社会建设规划》进一步明确提出，实施城镇供水管网漏损治理工程，强化科技支撑，加强重大技术研发，加大推广应用力度。到 2025 年，城市公共供水管网漏损率小于9.0％。供水管网漏损控制是贯彻落实党中央"全面提高资源利用效率"和"实施国家节水行动"发展战略的重要任务和科学技术发展方向，也是供水行业对"2030 年前碳排放达峰行动"的责任和具体贡献。

  本书基于国内外供水管网漏损状况的统计和调研分析，从供水管网漏损控制的科学理论和主要漏损控制技术应用两个方面，比较系统地阐述了漏损控制的科学理论、关键技术、管理对策和应用范例。具体内容涉及水量平衡与表务分析、管网优化分区、管网漏损区域识别、压力调控、管网检漏技术及设备、智慧管理平台等，是迄今国内较为全面介绍供水管网漏损控制的学术专著，可为供水企业构建科学合理的漏损控制技术体系和常态化控漏管理机制提供有效的理论技术支撑，具有行业技术指导作用与应用参考价值。

刘遂庆

2021 年 11 月

前　言

供水管网是城市生命线工程的重要组成部分。由于管网管材质量参差不齐、管网设施老化失修、管网运行管理水平差异性大等多方面影响，城市供水管网不可避免地会出现一定程度的漏损，既导致水资源严重浪费，加剧我国水资源供需矛盾；还会带来供水成本增加，影响供水管网的高效稳定运行等问题。2015年国务院出台了《水污染防治行动计划》（"水十条"），明确提出要加强水资源的节约和保护，并提出了到2020年，全国公共供水管网漏损率控制在10％以内的目标要求。

针对我国城镇供水管网现状，本书聚焦城镇供水管网漏损控制问题，提出了一系列先进的控漏理念和切实可行的技术措施。相较于同类书籍，该书的主要特点在于吸纳了国内外的最新技术成果和工程实践经验，更侧重于介绍全链条的漏损控制技术与应用分析方法，学术价值与可操作性兼具，有助于指导供水企业开展城镇供水管网漏损控制管理、有效降低管网漏损率，加快推动供水行业控漏以及城镇节水目标的实现。

本书汲取了国内相关水务公司在控制供水管网漏损方面丰富而宝贵的理论和实践经验，同时也得到水体污染控制与治理科技重大专项饮用水主题"苏州市饮用水安全保障技术集成与综合应用示范"（2017ZX07201-001）课题的资助，本书编者对此表示诚挚的感谢。

由于供水管网漏损控制涉及的技术内容广泛，加之编者水平所限，谬误在所难免，恳请本书的使用者和广大读者批评指正。

目　　录

第1章 城市供水管网漏损控制概论

1.1 供水管网漏损控制重要性

水是生命之源，同时也是城市建设与发展的重要生产资料。供水管网作为城市生命线工程的重要组成部分，是城市赖以生存和繁荣的重要基础设施，其正常运行和有效工作为城市经济增长、居民安定生活提供着坚实保障。然而，我国城市供水管网由于设计、腐蚀、老化、管理等诸多方面因素而面临着管网漏损严重的严峻考验，供水管网的高效稳定运行因此受到了影响。一方面，管网设计年代久远，现役管线年久失修、管网供水设施老旧等问题在我国供水管网中广泛存在。另一方面，我国早期供水管网管材以灰口铸铁管和混凝土管为主，材料强度欠缺，早期施工技术存在一定缺陷，使得管线接口等位置容易发生漏失现象。再者，改革开放以来的快速城镇化过程带来了城镇用水人口的大幅度增加以及城镇供水系统规模的空前发展，管网的欠科学扩张、用水人口的快速增长使得部分管网长时间超负荷运转，也较易出现漏损问题。此外，管网运行管理技术水平不高也是供水管网漏损频发的原因之一。需要注意的是，管网漏损问题成因多而复杂，包括但不限于上述因素，但无论何种原因导致了管网漏损现象，其最直接的影响就是大量经净水处理的水从管道中流失，导致水资源的浪费。

然而，在大量水资源因漏损问题被浪费的同时，我国又是一个水资源紧缺的国家，具有水资源总量丰富但人均占有量少的特点：我国年均淡水资源总量为 28000 亿 m^3，占全球水资源的 6%，名列世界第 6 位；但我国人口众多，年人均水资源量仅 2100 m^3，约为世界平均水平的 1/4，是全球人均水资源贫乏的国家之一。我国还是一个存在水资源污染问题的国家，一些地区水环境质量差、水生态受损重、环境隐患多。此外，我国还面临着用水量日益增长的情况。在用水量方面，据估计，世界年用水量约为 46000 亿 m^3，而我国 2018 年的全国用水总量达到了 6015.5 亿 m^3，约占世界年用水量的 13%，同时也占到了当年全国水资源总量的 21.9%。2018 年的全国人均综合用水量为 $432m^3$，城镇人均生活用水量（含公共用水）225L/d，农村居民人均生活用水量 89L/d，万元国内生产总值（当年价）用水量 $66.8m^3$，耕地实际灌溉亩均用水量 $365m^3$。根据 1997～2018 年《中国环境状况公报》统计，1997～2018 年间我国的全国用水总量及当年生活用水、工业用水、农业用水情况如图 1-1 所示。

由此可知，我国目前所面临的水资源短缺、水资源污染以及用水量增长的问题无疑给城市供水带来巨大压力。在这样的形势下，控制城市供水管网漏损势在必行。

除了加剧上述的水资源供需矛盾之外，供水管网漏损问题还会带来其他危害。它不仅浪费了城市供水系统中取水、处理和输配的成本费用，还要额外增加供水系统建设投资，用于增加供水量、提高部分地区的供水压力以及更换、维修破损管道及管道配件设施。若

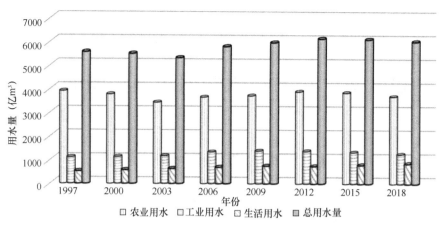

图 1-1　全国用水情况

管道出现漏损而长时间未被发现，那么建筑物和路面交通的安全将会受到影响，情况严重时还会造成人员伤亡和财物损失，影响城市的工农业生产和人民生活。

因此，供水管网漏损控制的重要性愈发突出，供水管网问题也逐渐受到广泛重视。控制和减轻管网漏损问题、为城市开源节流成为政府部门和供水企业的一项关键任务。国家层面曾多次发文强调供水节水并就公共供水管网漏损控制水平向各供水企业提出了严格的考核目标。其中，《国务院关于加强城市供水节水和水污染防治工作的通知》（国发〔2000〕36号）明确对改进城市供水、节水、水污染防治工作提出了要求。2010年12月31日发布的《中共中央　国务院关于加快水利改革发展的决定》提出要实行最严格的水资源管理制度，强调对用水总量、水资源开发以及用水效率的控制。国务院于2015年2月出台的《水污染防治行动计划》（"水十条"）提出"到2020年，全国用水总量控制在6700亿 m³以内"并明确强调了要加强城镇节水，"到2017年全国公共供水管网漏损率控制在12%以内，到2020年控制在10%以内；到2020年，地级及以上缺水城市全部达到国家节水型城市标准要求，京津冀、长三角、珠三角等区域提前一年完成。"

进行供水管网的漏损控制具有重大意义，主要包括：

1. 节约资源

进行漏损控制可以起到节约水资源与电力资源的目的。我国是一个淡水资源缺乏的国家，很多地区出现的水资源紧缺现象会对当地工农业生产造成制约，影响居民生活，管网漏损问题造成的大量水资源白白流失，无疑是"雪上加霜"。此外，管网漏失水量作为水厂供水的一部分，也经过了水泵的提升，然而最终却没有被用户使用，因而造成了大量电力资源的浪费。

2. 节约供水成本，降低供水企业亏损率

自来水经过水厂净水工艺处理再经水泵增压，才能通过配水管网供给用户。在这个过程中，净水工艺需要消耗电能、混凝剂、消毒剂等，水泵提升则对电能产生了消耗，通过漏损控制可以降低这部分费用支出，节约供水成本。此外，漏损水量具有无收益的属性，是供水企业无法回收水费部分的净水水量，因而控制管网漏损还可以减少企业亏损。

3. 保障供水的可靠性

管网漏损，一方面会降低饮用水送至用户的压力，发生严重的爆管事故时还会导致供水中断；另一方面，自来水在输送过程中，若发生泄漏，地表排放的污水渗入土壤，会造成给水管网二次污染。降低泄漏，就可大大降低这种次生灾害发生的可能性。

4. 提高供水事业服务水平

管网漏损事故可导致用户用水压力不足甚至用水中断，影响居民的正常生活与工业生产的正常运行。另外，对漏损管道进行维护抢修还会对交通造成阻碍，影响正常的交通秩序。

5. 延缓扩建，节约投资

在供水工程建设和运行管理等方面，需要投入大量的人力、物力和财力，其建设周期长、投资大、运行维护费用高，减少漏损就等于增加产水，可以延续或降低建设规模，节约建设投资。

1.2　国内外供水管网漏损概况

1.2.1　我国供水管网漏损概况

当前，管网漏损仍是我国供水系统中不容忽视、亟待解决的问题。据 2018 年《城市供水统计年鉴》显示，载入年鉴的全国各城市供水单位在 2017 年的供水总量为 415.16 亿 m^3，管网漏损总量为 60.45 亿 m^3，平均漏损率为 14.56%。假设城市供水平均成本为 1.50 元/m^3，则该年我国城市供水行业因漏损而造成的经济损失将高达 90 亿元以上，这无疑给供水企业的经营带来了巨大的压力。

根据《城市供水统计年鉴》，2005～2017 年，我国城市供水管网的平均漏损率和城市供水管网各年漏损总水量数据如表 1-1 和图 1-2 所示。

我国供水管网漏损情况（2005～2017 年）　　　　　　　　　　　表 1-1

年份	漏损率（%）	漏损水量（亿 m^3）
2005	18.02	55.53
2006	18.63	53.86
2007	17.61	59.55
2008	17.66	60.38
2009	16.23	57.16
2010	16.62	58.62
2011	16.71	59.93
2012	15.77	60.95
2013	15.35	60.89
2014	15.35	62.56
2015	14.32	59.42
2016	14.58	61.5
2017	14.56	60.45

由表1-1和图1-2可以看出，我国城市供水管网漏损率在2005～2017年期间，总体呈现下降趋势，13年间降低了约3.5个百分点，这与我国有关供水部门在管网漏损控制方面的努力密不可分，说明了我国供水部门对管网漏损控制逐渐重视，积极性也逐渐增强，并且通过不同的漏损控制技术手段取得了比较明显的效果。但从另一个角度来讲，在2005～2017年这段时间内，我国城市供水管网漏损水量总体呈现上升趋势，13年间增加了约5亿 m³。这表明近十几年来，虽然我国供水管网的漏损率降低了，但管网漏损水量的绝对数值却升高了。此外，当前我国供水管网漏损率虽较过去有所降低，但与"水十条"明确规定的"到2020年，全国公共供水管网漏损率控制在10%以内"的控漏目标相比，仍存有差距，管网漏损控制势在必行。

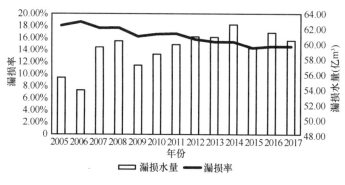

图 1-2 我国供水管网漏损情况变化

1.2.2 国外供水管网漏损概况

考虑全球水资源短缺以及管网漏损问题带来的一系列危害，世界各国及有关的国际组织越来越重视供水管网漏损控制工作。以美国、日本、英国等国为代表的一些发达国家很早便在管网节水控漏方面进行了努力，例如早在1976年美国水协会（AWWA）便成立了检漏专业委员会；20世纪80年代初，美、英等国便成功开发出了检漏设备。这些国家通过成立研究管理机构、研制检漏设备等方式，成功推进了本国漏损控制工作的开展。这部分国家由于经济发达，拥有较为先进的供水系统管理和保护水平，其管网漏损问题一般较轻微。然而，在全球范围内，由于各国经济发展水平、城市基础建设水平、水务管理重视程度等方面存在差异，不同国家和地区存在着不同程度的供水管网漏损问题，其中一些欠发达、低收入的国家往往具有严重的供水管网漏损问题，与之对应的管网漏损率也很高。

2019年，Liemberger 和 Wyatt 基于 IBNET、AWWA、国际水协会（IWA）等数据源，利用近年统计数据，对2006年世界银行发布的关于世界范围内城市饮用水供水系统漏损状况的报告以及2010年亚洲开发银行（ADB）发布的亚洲范围内城市供水系统无收益水量（NRW）情况的报告进行了修正与更新，对全球范围内各地区和国家给水系统的无收益水量水平以及无收益水量造成的经济损失进行了量化计算[1]，数据见表1-2和表1-3。表1-2列出了全球给水系统无收益水量统计概况，由表可知，全球纳入统计的国家与地区的给水系统每天有约 3.46 亿 m³ 的水量是无收益的，每年的无收益水量总计高达1260亿 m³，这些无收益水量每年在全球范围内共造成经济损失约3900万美元。表1-3列出了世界部分国家的无收益水量比率，表中统计数据显示，从整体上看，发达国家如澳大利亚、新西兰等具有相对低的无收益比率，而发展中国家具有相对高的无收益比率，非洲欠发达国家的无收益水量比率可超过 40%。

全球给水系统无收益水量统计[1]　　　　　　　　　　表 1-2

地区	无收益水量		无收益水量平均水平 [L/（人·d）]	经济损失 （10^6 USD/a）
	（10^6 m^3/d）	（10^9 m^3/a）		
非洲（撒哈拉以南）	14.1	5.2	64	1.4
澳大利亚及新西兰	1.0	0.3	36	0.1
高加索及中亚	8.0	2.9	152	0.8
东亚	53.0	19.3	42	6.2
欧洲	26.8	9.8	50	3.4
拉丁美洲和加勒比	69.5	25.4	121	8.0
中东和北非	41.2	15.0	96	4.8
太平洋岛屿	0.5	0.2	211	0.1
俄罗斯、乌克兰、白俄罗斯	9.5	3.5	65	1.1
南亚	63.4	23.2	93	6.0
东南亚	18.4	6.7	81	2.0
美国和加拿大	40.7	14.8	119	5.7
总计	346	126	77	39

全球部分国家和地区无收益水量比率情况[1]　　　　　　表 1-3

地区	国家	无收益水量比率 （%）	地区	国家	无收益水量比率 （%）
非洲	安哥拉	40	欧洲	法国	15
	肯尼亚	43		德国	15
	乌干达	35		英国	21
	刚果	41		瑞士	15
大洋洲	澳大利亚	10		意大利	25
	新西兰	20	美洲	美国	20
亚洲	日本	10		加拿大	15
	印度	41		巴西	39
	尼泊尔	40		古巴	40
	泰国	30		秘鲁	40
	马来西亚	34		哥伦比亚	48

通过从各政府公报、新闻、科研文献等渠道摘录时效为 2010～2016 年的管网漏损数据[2]，汇总得到表 1-4，展示了全球部分主要城市的漏损情况：

地区	国家及城市		漏损率（%）	地区	国家及城市		漏损率（%）
非洲	埃及	开罗	35	欧洲	荷兰	阿姆斯特丹	4
	肯尼亚	内罗毕	41		德国	柏林	4
	南非	开普敦	17		法国	巴黎	8
	赞比亚	卢萨卡	52		西班牙	马德里	12
大洋洲	澳大利亚	悉尼	6		瑞典	斯德哥尔摩	19
	新西兰	惠灵顿	18		英国	爱丁堡	24
亚洲	日本	东京	3.2	美洲	美国	纽约	7
	新加坡	新加坡	5		美国	亚特兰大	15
	阿联酋	迪拜	8		加拿大	多伦多	8
	印度	孟买	27		加拿大	蒙特利尔	33
	印度	加尔各管	60		墨西哥	墨西哥城	44
	越南	河内	30		巴西	里约热内卢	32

由表可见，不同国家和地区的管网漏损率存在较大差距。例如，亚洲地区的日本和新加坡由于对节水工作的重视，以及自身的地理条件，淡水资源匮乏等原因，对供水管网漏损管理格外严格，漏损率分别控制在 3% 和 5% 左右，处于世界先进水平，印度、越南等欠发展地区则具有比较高的管网漏损率。大洋洲的澳大利亚具有较高的城市基础建设水平，并在过去十几年为应对干旱采取了一系列应对漏失的措施，因而具有较低的漏损率。表 1-4 列出的欧洲城市经济普遍比较发达，因而漏损率不高，但部分欧洲城市如英国爱丁堡，也可能会因历史悠久的老城区管网翻修难度大等原因，具有偏高的漏损率。

1.3　供水管网漏损控制技术

供水管网漏损控制是一项集系统性、复杂性和长期性于一体的综合实践工程。其系统性要求漏损控制工作的开展需遵循一定的层次和秩序，其复杂性要求采用的控漏对策需因地制宜并具备多样性，其长期性要求工作开展的各个环节需得到持之以恒的规范管理和质量把关[3]。由以上特点可知，供水管网漏损控制技术涵盖内容广泛。根据各项具体对策的性质与内容，可以把供水管网漏损控制技术划分为工程措施、技术措施与管理措施。

1.3.1　工　程　措　施

供水管网漏损控制是一项实践性工程，需要实用可行的工程技术将理论研究成果具体应用到现实中。漏损控制的工程技术措施主要包括了管网漏失检测与监测、管网更新、管网分区管理、管网压力管理以及大用户水表核查与检定。

1. 管网漏失检测与监测

管网发生漏损是难以避免的，当管网中出现漏损时，需要尽早找到并修复漏失位置，以降低漏损水量以及管网漏损带来的影响。随着漏损管理意识的增强，以噪声监听法为代表的管网漏失实时在线监测技术与包括听音法、气体示踪法、区域测流法在内的管网漏失现场检测技术纷纷涌现，帮助供水企业及时掌握管网区域漏损情况，准确探测漏失管线，及时开展管道修复工作，缩短漏水发生的时间。

（1）声学设备检漏法

1）噪声监听法：噪声监听法是目前得到广泛应用的一种漏失检测与监测方法，通过在供水管道、阀门、消火栓等位置长期或移动设置若干噪声记录仪，利用预设工作时间（通常选择夜间水压上升、外界噪声最小的时段，如凌晨 2：00～4：00）内自动启动的噪声记录仪对管网漏水噪声进行监听，而后借助专业软件对采集的数据进行统计分析，可以分别实现管网漏损情况监测和漏损管段检测。英国豪迈水管理研发出的"Permalog"漏损噪声监测系统是国际上大部分自来水公司的首选，其所有操作过程实现电子化作业，在美国不少州已有大规模应用，其中拉斯维加斯就结合了 GIS（地理信息系统）和互联网使用了 8000 个 Permalog。德国 FAST 公司开发的基于噪声自动监听原理的区域漏水监测技术能够将漏点情况以表格和地图的形式进行直观显示，能实现 24h 全天候漏失监测，在我国绍兴的应用取得了很好效果。总的来说，噪声监听法具有较高的自动化程度，实时性好，可用于相对大面积管道的漏损检测，但也存在前期投入较高、监听效果受设备布置方案影响等缺点。

2）听音法：听音法是一种出现时间早、在供水企业中应用非常广泛的声学检测方法。在进行听音检漏时，巡检人员手持听音杆、电子听漏仪等音听设备直接在管道及管道附属设施（如阀门）处或在埋地管道上方的地面处进行听测以查找漏水管道、精准定位漏点。这种方法操作简便，但劳动强度大，检测效果依赖于工作人员的经验和素质，并且难以及时排查每条管线，使用受到外界噪声、管道材料、管道埋设位置等多种因素影响。

3）相关分析法：相关分析法利用布设在同一漏水管道两端管壁或阀门、消火栓等附属设备的传感器接收漏水噪声信号，根据该信号传到两端探测器的时间差，结合输入的管道长度、材质等信息，可以依靠相关仪器计算出漏损点相对探测器的位置。此声学检漏方法精度高，抗噪声干扰能力强，但存在检漏费用高、检测效果受到计算参数设置、传感器布置位置影响等缺陷。

4）管内噪声测量法：管内噪声测量法以新颖的智能球技术为代表。智能球是一种可以被投入管道中实现管内噪声测量的球形设备，由加拿大 Pure Technologies 公司开发。使用时，需要用专门装置将智能球投入管道，随后智能球随着管内介质向前行进，经过任一处泄漏点时，通过内置传感器清晰捕捉极微小的泄漏产生的噪声，单次运行时间可达12h。这项技术具有很高的漏损定位精度，误差可控制在几英尺以内，且能识别很小的漏损，但由于是在管内进行噪声测量，因而可能存在影响供水水质的风险。

（2）非声学设备检漏法

1）雷达检漏法：探地雷达是日本于 20 世纪 80 年代中期开发的一种检漏仪器，也是目前最有前途的一种检漏仪器。它可以检测难以发现的管道泄漏，还能用于预防性的测量，发现隐患，提高漏损的控制水平。它利用无线电波的反向收集，对地下漏水情况进行探查，可以精确地绘制出地下管线的横断面图，并可根据周围的图像判断有无漏水。该仪器目前进入实际应用阶段，但由于其一次搜索范围小，故只能与其他检漏仪器配合使用，难以实时检漏，并且在漏损的初期难以准确判定。

2）气体示踪法：气体示踪法的工作原理是在待检测的管道上游注入惰性气体（如氢

气），气体与水混合后随水流方向一起前进，充满在管道中，遇到漏点时，气体与水一起冲出管道扩散到周围的土壤中，气体通过土壤中的空隙向上升，直到露出地面。检漏时，利用对应的气体探测仪，在路面上采集空气样本进行分析，从而判断管网中漏点的存在。由于气体探测仪通常非常灵敏，用这种方法可以检测出很小的漏点，但是这种方法也存在缺陷，比如应用成本高、只能检测出发生在管道上部的漏点等。

（3）流量分析检漏法

1）区域测流法：区域测流法将待检测地区按一定原则划分为多个小区域，每个探测区域宜满足：区域内管道长度在2～3km，或区域内居民为2000～5000户的条件。在夜间用户用水量非常小的时候，关闭小区域与外界联系的阀门，测定旁通管通过的流量；之后再在小区域内部关闭阀门，观察旁通管上流量计计量的流量变化，逐步将区域内的管网漏失点尽量缩小在最小范围的区域内，甚至于缩小在某一条管段上，然后利用漏失探测仪器进行漏失精确定位。该方法的特点是简单实用，只要测量仪器有足够的精度，就能够很好地解决管网漏失点位置难以确定的难题。

2）区域装表法：在应用区域装表法检测漏损时，需要把待检测区域划分成若干小区。在保留一个或两个安装了水表的进水管的基础上，关闭连接小区和外界的阀门。在此之后，通过比较同一时刻区域内用户的用水量和区域进水管差值以判断是否存在漏损。如果此差值大于设定的阈值，则认为有漏损存在，之后结合检漏设备进行检漏。这类方法适用于单管进水的居民区。

3）最小夜间流量测定法：在最小夜间流量时段（通常是2：00～4：00），用户用水量最小，漏失量占到总用水量的最大比例，通过分析和测定最小夜间流量并排除用户夜间合法用水量，即可根据是否存在额外水量而判断区域的漏损情况。基于这个原理，对最小夜间流量进行监测，根据最小夜间流量数值的异常变化可以及时发现管网中的新增漏点，实现对区域内部的漏失监测。

4）干管流量分析法

该法分为管网停止运行和不停止运行两种分析方法。停止运行的方法要求阀门能严密关闭，做法为将干管上两端阀门及出水支管上阀门均关闭，仅留一个安装有水表的旁通管。如封闭系统漏水，外高压水通过旁通管流入封闭系统，漏水量可由水表精确读出，调整封闭系统可缩小待检漏区域。不停止干管运行的具体做法为将一对电磁流量计放入待测主管线两端，以测定管线中心流速，定时读数、调换两只流量计、调节流量，将各种流量读数运用特定的流量分析判定管线是否漏水，准确率极高。

2. 管网更新

管线老化、管材质量差、管道腐蚀、管段破损、管道接口脆弱等现役管道问题均是导致供水管网漏失现象频发的重要因素，因此对管网进行更新改造以保障管线输配水功能的完好，在供水管网漏损控制方面发挥着不可或缺的作用。早在1969年，AWWA便建议，当管网出现水压不足、水质不佳、水量不够等现象时，可以考虑对管网管道进行更换。在国际上漏损管理水平领先的日本则早在1980年就着手于管网管段的更新，已于1995年完成石棉水泥管道的全部更换。对我国来说，2014年住房和城乡建设部与国家发展改革委员会联合下发《关于进一步加强城市节水工作的通知》，提到"要指导各城市加快对使用年限超过50年和材质落后供水管网的更新改造，确保公共供水管网漏损率达到国际要求"，由此可见相关部门对管网更新改造的重视，以及管网更新对于供水管网漏损控制的重要意义。

然而需要注意的是，管网更新改造是一项复杂而庞大的工程——管道本身造价、土方开挖费用以及回填成本高使得供水管道更新费用高，此外，待更新改造的供水管网往往位于人口众多、商业设施集中的老城区，管网更新牵涉面很广。因此，仅依据管道使用年限和管材种类进行"一刀切"的更新与改造，并不是合理且经济的做法。在进行管网更新改造之前，应注重综合管道材料、管道敷设时间、管道防腐、维修记录、管网水质等多个方面对现役管道状态进行评估，以便为更新改造计划的制定提供依据。

在具体分析管网更新问题时，国内外研究常用的有四种思路：管道老化指标评价、盈亏平衡分析、机理分析、衰退和失效概率分析。

（1）管道老化指标评价

定义与管道老化状态有关的一些指标（如管龄、管材等）的权重，以管道运行数据为基础，对管道进行打分。当管道总得分超过某一阈值，则认为该管道需要维护更新。此方法操作简单，但管道的评价指标可能无法统一，并且评价指标权重的确定具有一定主观性。

（2）盈亏平衡分析

核心思想是当前可利用资金在未来的资金价值与未来可能的更新费用相等，该方法要求具有很好的经济分析能力。

（3）机理分析

通过模拟管网运行过程中的腐蚀、温度、荷载、压力等因素造成的管网结构变化，了解管道失效过程，进而分析管道更新的时间。然而由于管道老化机理复杂，此方法应用困难。

（4）衰退和失效概率分析

在考虑管道老化有关指标的基础上，对管道生存概率进行预测分析，考察管网需要更新的时间。

由于管网更新的预算有限，同时更新管网中的所有管段是不现实且不必要的，因此需要制定科学的管网更新策略，决定优先更新哪些管道或者何时更新这些管道。在管网更新策略方面，部分研究聚焦于管段层面，给出管段在何时需要更新的建议；还有部分研究从管网层面出发，给出一定时间内需要对管网内哪些管道进行更新的建议。管段层面的早期研究仅对经济性进行考虑而给出管段最优更换时间，而后逐渐有学者将系统可靠度也纳入考虑，采用多目标优化方法求解管段更新方案。管网层面的早期研究同样倾向费用最小的单目标优化，而后逐渐出现兼顾更新费用与系统可靠性的研究，例如同时考虑管道更换与爆管维修费用最小和每年用户停水数量最小等。

在实际的管网更新中，往往还未充分利用这些管网更新策略优化的研究成果，我国在这方面的研究也仍属于探索阶段，未来应继续加强管网更新的研究和应用。

3. 分区管理

对供水管网实施区域计量分区（District Metered Area，DMA）管理是供水管网管理模式的一种革新，最早于1980年被英国水工业协会提出，用于实现管网漏损的长期监测，引起了世界各国供水行业的关注。在此之后，伦敦、东京、首尔等国外城市都较早地开展了 DMA 的构建。相对国外来说，国内的 DMA 研究与应用起步较晚，分区管理目前是国内供水管网管理的一个主流方向。

区域计量分区是指在综合考虑城市地形地貌等自然地理特征、行政管理区划、水压分布、水厂分布和供水能力、用户水表数及用水量等因素的基础上，按照一定原则，通过在管网中安装流量计或水表并关闭部分阀门，进而将管网划分为若干个相对独立的计量区域，这些计量区域具有明确的边界，能够分而治之。DMA 管理模式是对传统供水管理模式的拓展，区域计量分区与传统管网分区有诸多不同。传统的管网分区给水是根据城市地形特点，采用串联分区或者并联分区的方式获取若干给水管网子区，这些子区的管网和泵站相对独立，但同时各个子区之间又保持着一定联系；管网分区管理则是按一定原则将大型管网划分为若干规模较小且具有特定边界的彼此独立的子系统，分别管理每个子系统，仅在各子区之间设置保障安全供水的应急管道。区域计量是分区管理最主要的特点，通过加强管网各分区进出口的流量监测，能够建成覆盖全管网的在线流量计量传递体系，以各分区为独立考核单元，对区域计量水量进行分析，便可以确定供水产销差，及时发现漏失问题。同时，根据更新的各分区漏失水平，可以调整管网漏损控制的方式，进而科学指导管网漏损控制作业的开展。总而言之，区域计量分区技术在提升供水系统管理水平、提高管网漏损控制效率、增加供水效益等多方面起着关键作用，对进行管网分区管理有诸多好处：

（1）将管网分解为若干独立计量单元，对每个子系统进行专门管理，降低了管网管理难度，以分区为单元，可以更加方便地进行管网资产管理、用水在线监控、管网日常配水管理、区内用户水表督查等一系列活动，使得供水管网管理模式趋于精细化；

（2）分区管理在供水管网系统的规划发展中起着积极作用，便于管道资料、供水数据等各项信息获取，利于管网设计工作的开展以及旧管网更新改造方案的制定；

（3）实行分区管理有助于供水企业职能部门依据实时监测数据及时发现分区内的爆管、漏失等事故，并在此基础上进行快速响应，减轻事故带来的危害；

（4）实行分区管理更加方便供水企业对漏损问题进行逐级解析，确定以分区为单元的漏损控制工作的优先级，并通过产销差分析及时控制供水运营中的风险，降低企业亏损。

4. 管网压力管理

管网压力管理策略主要包括以下几方面内容：重新规划调整各管理区的网络布局，从而达到性能优化的目的；在保证用户正常用水的前提下，通过加装调压设备，根据用水量调节管网压力为最优的运行条件。对供水管网压力进行管理不仅要考虑对高压区域进行减压，亦包括对管网中的低压区域进行调节。管网压力管理技术手段主要包括了供水系统优化分区、设置减压阀、设立加压泵站、调节泵站输出压力、修建调蓄减压池等。

压力管理方法在管网漏损控制方面的优点显而易见。若管网压力过高，即使积极采取主动检漏、修补漏点的措施，也可能会不断出现新的漏点，这样"补旧漏出新漏"将形成恶性循环。采取压力管理方法，确保供水管网满足用户压力需求的前提下降低管网的富余压力，可大大降低管网由于压力过高造成漏失的频率，尤其是对降低背景渗漏等不可避免的漏失有很好的效果，供水产销差也会降低。另外，压力管理还可以有效降低爆管事故发生的可能性，当压力减小至 200kPa 时，主干管的爆管事故率能够降低 50% 以上。这样一来，持续的压力管理可以减少管道维修频率，延长管道的使用寿命，让供水公司获得更好的经济效益。

世界上已有一些国家通过管网压力管理实践而成功地达成了供水管网漏损控制的目的。例如，澳大利亚的 Wide Bay 水务公司针对黄金海岸提出"压力及泄漏管理的实施策略"计划案，通过对网络系统重新布局，降低了管网输送压力，经方案试验后挖掘出城市巨大的节水潜力。英国的博内茅斯供水管网压力控制项目，通过使用压力调整控制器，使管网保持在比较经济的泄漏水平上。国外的 Wrp 公司于 2000 年 6 月开展了针对南非开普敦市 Khayelitsha 镇的管网压力管理，在项目初期，Khayelitsha 镇管网漏损水量约占该地区总供水量的 75%，夜间最小流量超过 $1600 \text{m}^3/\text{h}$，之后的一年内通过安装减压阀控制器以减小富余的水压和管网压力波动，最终在不到 3 个月的时间里给开普敦市带来了回报，且该项目之后每年能节约 900 万 m^3 的水资源，相当于每年能为开普敦市节省 400 万美元，可见实行管网压力管理能为漏损控制带来明显成效。虽然国外不少地区已进行了管网压力管理的实践并取得了显著的效果，但目前，国内的供水管网基本没有实行压力管理，在这方面还处于初期阶段。

5. 大用户水表核查与检定

水表作为供水企业的计量器具，也是供水企业和用户之间的法定贸易结算依据，因此良好的水表计量管理直接关系着供水企业的经济效益和社会效益。从经济效益的角度来说，计量水表的不准确计量会导致计量数据比实际用水量少，而实际计费价格应为售水水价，这就直接导致水务公司的收益受损。据 IWA 统计，全球每年供水管网的漏损水量超过 320 亿 m^3，其中供水计量误差和管理因素导致的水量损失约为 160 亿 m^3，占比可达 50% 左右。因此，对于供水企业来说，通过科学规范的水表管理降低水表计量误差水平，进而减少表观漏损，能增加供水企业收益（详见 2.2 节），同时也是漏损控制的重要内容之一。从社会效益上讲，通过对水表的科学管理，及时纠正计量问题，提高计量准确度与精确度，可以减少用户投诉，提升水务公司的服务质量。

供水企业的水表呈现出"二八"现象，即大口径水表的数量可能只占在线水表总数的 20% 左右，但这些大口径水表计量的供水量却有可能达到总供水量的 80% 左右。换句话说，少数的大口径水表所计量的水量在供水企业营收系统的总售水量中占到相当大的比例。以福州市自来水有限公司为例，截至 2014 年福州城区的大口径水表占福州市自来水有限公司水表总数的 0.35%，但其所计量的水量却占到了该水务公司总售水量的 40% 左右。因此，水表的运行，特别是这些大表运行状况的好坏、计量精度的高低对供水企业的利润、经济效益具有很大的影响。对大用户水表实行精细化管理，定期核查检定，保证水表的正常运行，保障水表的计量效能，防止计量严重失准对于供水企业来说具有重要意义。

在水表应用过程中，供水企业应注重水表计量能力和用户用水的匹配性，需对安装的水表进行跟踪考核，避免出现"大表小流量"和"小表大流量"的现象。通过对水表，尤其是大用户水表的核查及时纠正不合理的配表现象，及时降低不合理配表所造成的表观漏损十分重要。此外，通过对大用户水表的核查，能够掌握大表位置信息，防止由于大表"失踪"而无法回收水费。另外，在核查过程中还能够及时发现是否存在偷盗水现象或者发现水表在使用中的问题，从而减少计量水量损失。

除了大用户水表的核查之外，还需要对水表实施检定以保证水表计量的可靠性。根据

《计量器具检验周期确定原则和方法》JJF 1139—2005 的定义，"计量器具的检定是指查明和确认计量器具是否符合法定要求的程序，它包括检查、加标记和（或）出具检定证书"。《饮用冷水水表检定规程》JJG 162—2019 中规定水表检定项目见表 1-5，包括了对水表的外观、标志和封印的检查，对水表电子装置功能的检查，对水表密封性的检查以及对水表示值误差的检定。

水表检定项目一览表　　　　　　　　　　　　　　　　　表 1-5

序号	检定项目	检定类别		
		首次检定	后续检定	使用中检查
1	外观、标志和封印	+	+	+
2	电子装置功能	+	+	+
3	密封性	+	—	+
4	示值误差	+	+	+

注：1. "＋"表示需要检定的项目，"—"表示不需要检定的项目；
　　2. 后续检定的最大允许误差与首次检定相同；
　　3. 使用中检查按《饮用冷水水表检定规程》JJG 162—2019 的规定进行。

关于水表检定周期，有两种类型，一是在安装前进行首次强制检定，限期使用，到期轮换；二是对水表进行周期检定。《饮用冷水水表检定规程》JJG 162—2019 具体规定如下：

（1）对于公称通径为 DN50 及以下，且常用流量 Q_3 不大于 16m³/h 的水表只作安装前首次强制检定，限期使用，到期轮换，使用期限规定为：1）公称通径不超过 DN25 的水表使用期限不超过 6a；2）公称通径超过 DN25 但不超过 DN50 的水表使用期限不超过 4a。

（2）公称通径超过 DN50 或常用流量 Q_3 超过 16m³/h 的水表检定周期一般为 2a。

1.3.2　技　术　措　施

除了工程措施外，供水管网漏损控制技术还涵盖了有关管网系统漏损状况评估、漏损控制方案决策、管网数字化平台建设等技术内容，为控制方法的制定提供依据，也为工程措施的实际实施提供保障。

1. 管网漏损评估

管网漏损评估的目的是通过估计供水系统中的漏失水量，让供水企业对现阶段管网漏损实际情况有所把握。管网漏损评估方法可以大致分为两大类——自上而下的管网漏损评估和自下而上的管网漏损评估。

（1）自上而下法——水量平衡标准法

为合理评价、比较供水系统管网漏损，原国际水协会设立"专项工作组"，针对供水管网漏损问题展开研究，研究成果包括提出了计算供水管网漏损的标准术语、制定了关于供水系统"水量平衡"的计算方法和计算标准等。目前，IWA 的水量平衡标准已被包括 AWWA 在内的许多国家给水协会采用，也被包括我国在内的许多国家参照，作为管网漏损评估的首选标准。

供水管网的水量平衡是指在供水管网系统的任意相对封闭的区域内，在任意时段内，输入该区域的水量应等于输出该区域的水量。以"水量平衡标准法"为主要内容的自上而下的管网漏损评估方法，通过组分分析的方式将系统供给水量按不同使用途径逐步拆解细分，追踪各部分水量的实际数值，从而评估该系统的管网漏损（IWA 提出的水量平衡分析表及各项水量组分定义详见 2.1 节）。而考虑我国实际管网情况与国外的差异，住房和城乡建设部《城镇供水管网漏损控制及评定标准》CJJ 92—2016 提出了针对我国实际情况的水量平衡分析表，从而进一步明晰漏失组成。建立了定义明确的水量平衡分析体系后，将各部分对应的水量填入相应条目，即可分析出水量消耗的具体情况。但是，在实际应用中，用于水量平衡分析的一些原始数据不完整或者不准确都会对最终的结果造成影响，因此需要花费大量时间精力来获取可靠的水量数据和基础数据。对于能够获取数据的项目，应该充分考察证实数据的准确性，对不准确的数据采取校正措施；对于无法获取数据的项目（如 IWA 水量平衡分析表中的未收费合法用水），应尽量进行有理有据、符合实际的估算。总体而言，这种自上而下的管网漏损评估方法可以作为一种对管网漏损水量进行粗略估计的方法使用。

（2）自下而上法——最小夜间流量法

自下而上法可以作为自上而下法的补充，在供水管网的小区域范围内进行漏损分析，评估区域内的真实漏损水平。自下而上的管网漏损评估可以通过最小夜间流量（Minimum Night Flow，MNF）法来实现。最小夜间流量法以独立计量区域（DMA）为分析对象，选取夜间用户用水最小的时段（通常为凌晨 2：00～4：00，不同地区可能存在差异）为计算时段，通过对独立计量区域的夜间流量进行分析从而评估该区域的实际漏损状况。

最小夜间流量法在实际应用时对经验要求比较高，前期历史数据分析、区域内用水信息的收集是开展工作的关键。常用的夜间最小流量数据处理方法有比较法和经验法。前者通过计算夜间最小流量与日均供水量的比值来判断独立计量区域内的实际漏损状况，认为若该比值超过某一百分比，则该区域内可能出现异常情况；后者则将实际供水量与夜间最小流量基准值进行比较，从而评估区域内管网漏损情况。

应用最小夜间流量法可以达成以下与管网漏失相关的目的：

1）观测分析夜间最小流量的突变可以快速判断区域内的漏损情况；

2）在获取到夜间最小流量基准值后，结合夜间同时间区间 DMA 入口流量值，即可估计独立计量区域内的夜间真实漏损水量；

3）根据压力与漏损量比例关系，结合计算得到的夜间真实漏损水量可以求得 DMA 的日真实漏损水量。

综上所述，在进行管网漏损评估时，最好将自上而下和自下而上的方法进行结合，比较两种方法的评估结果从而更加准确地了解管网漏损的实际状况。

2. 管网漏损控制方案优化

在 IWA "积极控制漏失"的倡导下，国外供水企业通常采用提高漏损修补速度与质量、管道更换、压力管理等多管齐下的漏损控制方法，而国内大部分水务公司只重点关注了管道更换和漏损检测两项措施。通过对国外的漏损控制方法的借鉴与学习，国内水务公司投入应用的漏损控制手段也将不断丰富，最终形成一套有针对性的、能够高效控漏的综合性措施。然而，综合性的管网漏损控制方案的制定是一个涉及具有不同目标、不同责任与不同侧重点的多参与者的过程，会受到经济、环境、技术、社会等诸多层面的限制。因此，需要在考虑方案成本、方法可操作性、技术有效性、潜在冲突等多方因素的前提下，优化管网漏损控制技术组合，以提出符合实际的漏损控制方法组合或进一步确定这些方法的优先级顺序。下面分别以巴西伯南布哥联邦大学和巴基斯坦的两项研究成果为例，对漏损控制战略框架的构建以及漏损控制方案的优化过程进行更加具体的介绍。

巴西伯南布哥联邦大学的一项研究提出采用一种基于多属性决策 PROMETHEE V（Preference Ranking Organization Method for Enrichment Evaluations）方法的多准则群体决策模型来建立漏损管理的战略框架，通过询问四方决策者的观点，以投资预算作为限制条件，从经济、技术、环境、社会四方面进行评估，实现对漏损控制方法的优化组合，最终制定出可行的漏损控制方案。

这项研究以巴西东北部的一座城市作为案例进行说明。在制定漏损控制优化方案之前，首先需要对管网的自身特点与管网的漏失情况进行调查，在此之后需要分别对该地区待选用的漏损控制方法和决策过程的参与者进行明确，以及对方案评价准则进行确定和评估。以该地区为例，可选用的漏损控制方法包括六种：增加计量仪表（A1）、更换计量仪表（A2）、推广公众教育活动（A3）、安装压力控制阀门（A4）、管道更新（A5）、采用声学设备进行主动检漏（A6）。该地区漏损控制方案的决策者包括四方：供水企业代表（DM1）、顾问工程师（DM2）、环境局专家（DM3）、社区代表（DM4）。该地区所采用的方案评价标准包括以下七个方面：费用（Cr1）、受益期（Cr2）、经济-金融平衡（Cr3）、减少水资源浪费的效果（Cr4）、环境效益（Cr5）、维护和运行状况（Cr6）、社会接受度（Cr7）。其中，Cr1 越小越好，其余均是越大越好。决策者根据对各评价标准的重视程度以及偏好，分别赋予各评价标准权重，若某评价标准被赋予了 0 权重，则认为这个评价标准不被决策者考虑。例如，供水企业代表（DM1）会更多地考虑影响供水企业经营情况的 Cr3，评估供水系统水力状态的顾问工程师（DM2）会更多考虑与管网运维状况有关的 Cr6，环境局专家（DM3）会更多地考虑环境效益（Cr5），而社会接受度（Cr7）更被社区代表（DM4）重视。随后，需要对各评价标准与备选漏损控制方法之间的联系进行判断。该地区的方案评价标准包括了可以客观评估的标准与主观评估的标准。前者包括 Cr1、Cr2，需要根据每种备选漏损控制方法的情况进行直接计量；后者由于不便直接计量和比较，因此采用五个有效等级（从无效到非常有效）进行说明。基于前面的过程，可以采用基于 PROMETHEE V 方法的决策实验室（Decision Lab）软件以每个决策者的角度对漏损控制方法的优先级进行排序，至此完成了 PROMETHEE V 方法的第一步内容。之后进入结果聚合阶段即全局评估阶段，通过基于第一步的结果进行加权汇总，得到该地区漏损控制方法开展的全局排序为 A5＞A6＞A3＞A2＞A1＞A4。在此基础上考虑初始投资和管网运行维护的预算有限对方案进行优化，将资金以最高效的方式分配，以使得特定数额的资源能够产生最佳的累积效应，通过 PROMETHEE V 与 0～1 整数规划的交互，确定该地区最优的漏损控制方案为采用管道更新（A5）、推广公众教育活动（A3）和更换计量仪表（A2）方法。

巴基斯坦有一项研究也对漏损控制战略框架进行了讨论，提出了一种多目标决策分析（Multi Criteria Decision Analysis，MCDA）的方法，对管网漏损控制的众多评判标准和漏损控制措施进行了优先级排序，以便管理人员作出科学决策。

该方法首先将漏损率问题分解成多个层面的若干子元素。第一层为目标层级，第二层为评估标准层，第三层是第二层的延伸和细化，第四层为漏损控制方法选择层。其中，第一层提出的具体目标即为指定合理的漏损控制方案；第二层提及的评估标准包括了经济标准、环境标准、技术标准和社会环境标准四个方面；第三层提出了第二层级各分类中的具体标准，例如经济标准按照产生的营收、设备安装成本、运行维护成本细化，环境标准按照水资源节约量和废物减少量、能源的节约量和温室气体的排放量细化，技术标准按照供水稳定性、方案灵活度细化，社会环境标准按照方案对水价的提高、方案对水质的改善细化；第四层则包括了对未报告的管网漏损进行识别和修复、对已报告的漏损进行修复、管道修复质量、消除违规用水行为、引进先进技术、增强公众管网漏损概念和漏损反馈意识共十项具体的漏损控制方法。层级划分完成以后，选择了三组分别来自水务公司水价制定部门、水资源可持续利用监察部门、供排水部门的专家对第二层和第三层标准相对上一层级的重要性分别进行两两比较（比较结果分为五个等级）以及对第四层的漏损控制具体方法基于第三层提出的漏损控制具体标准进行有效程度判断（分为五个有效等级），随后将这五个有效程度等级的定性判断转化为具有确定值的定量三角模糊数，最终采用模糊层次分析法和模糊排序法套用三种不同的权重集结模型计算出最后的结果，实现对众多评判标准和漏损控制方法的优先级排序。研究结果表明，研究地区评判标准排序为经济标准＞技术标准＞社会环境标准＞环境标准，而对于具体评判标准的排序由于采用了不同权重集结模型则显示出不同的结果。至于漏损控制方法的优先级排序，排序结果的前三位依次为管网压力控制和管理、引进先进技术、建立计量分区，排序结果的末位为增强公众管网漏损概念和漏损反馈意识，该结果与研究地区部分实际情况达成了一致。

目前我国在管网漏损控制方案优化的研究与实践方面还比较欠缺，各水务部门在正式实施漏损控制方案之前，可通过借鉴国外的经验与方法对拟采取的漏损控制方案进行评估，根据地区实际情况选择最合适的控制策略，从而为管网漏损控制工作带来更好的成效。

3. 管网信息化完善

2005 年以来，建设部先后下发《关于数字化城市管理工作推进意见》《关于加快推进数字化城市管理试点工作的通知》以及《住房城乡建设部办公厅关于做好国家智慧城市试点工作的通知》，提出了供水管网信息化、智能化管理的愿景，要求供水企业以更智慧的方法实现管网的管理，实时获取企业运营数据和供水管网运行状况，为安全供水提供全方位支撑。2012 年 5 月，住房和城乡建设部、国家发展和改革委员会编制了《全国城镇供水设施改造与建设"十二五"规划及 2020 年远景目标》，在短期规划目标中明确要求"地级及以上城市建设和完善供水管网数字化管理平台"。

我国城市供水系统呈现复杂化的趋势，传统的基于单纯的人脑记忆、图纸保管来管理地下供水的人工管理供水管网方式已经难以迎合现代需求，基于计算机信息技术、通信技术、自动化控制技术等现代科技的供水管网信息化管理能够为供水管网管线定位、管网运行参数动态监测、管线信息查询、信息统计、综合分析等提供便利，进而实现企业高效运营、提高企业管理水平。

针对漏损控制问题，供水 SCADA 系统、管网 GIS 系统、供水营业收费系统等一系列管网信息系统和平台的建立能够为后续的管网漏损问题分析提供海量基础数据。建立完善的 SCADA 系统可以对水厂、泵站、水库、管网实行实时监控，能够获取管网运行的实时监测数据,判断管网运行状态;建立管网 GIS 系统,可以利用 GIS 系统的图形展现、空间查询和地理分析等功能,对供水管网基础数据进行更加充分的挖掘、分析和利用;建立供水营业收费系统,可以清晰了解用户的用水情况和水量计量情况,便于供水产销差的计算。除此之外,供水管网水力模型是管网信息化完善的重要手段,同时也是漏损控制的重要工具,它可以对真实管网水力状态、管网系统随时间动态变化进行模拟分析,输出结果可以为管网故障诊断、管网漏损点定位、管道更换、压力管理等多方面决策提供依据。

国外很多供水公司都对管网实行了以地理信息系统(GIS)为代表的信息化管理。国内起步较晚,但有一些城市已经在供水管网方面采取了信息化管理手段,在实际漏损控制中也得到了管理人员的认可。例如,上海城投水务(集团)有限公司在上海中心城区示范区范围内试点运行了智慧供水管网信息化管理平台,利用智能计量系统实现了在线计量设备(包括分区流量计、考核表、用户表等)的统一管理,并且对多个信息平台的数据进行整合、挖掘与集成,达到管网信息的综合分析和展示的目的,通过信息化管理,该水务公司已在包括降低产销差等多个方面取得初步成效。佛山市水业集团有限公司建立了以供水管网水力模型为核心,包含 SCADA 系统、GIS 系统、营业收费系统、调度决策系统在内的管网信息化调度平台,可以通过实现管网压力精细化管理、依托 GIS 系统信息和 DMA 夜间最小流量分析结果绘制管网风险地图、提供管网改造基础数据、监测水锤等,在多方面实现对管网漏损的控制。

1.3.3 管 理 措 施

为实现有效的管网漏损控制,仅从工程技术和软技术层面上做到"对症下药"是不够的,需建立起良性的漏损控制管理模式,以先进且因地制宜的控漏技术为支撑,以目标明确的管理措施为保障,技术层面与管理层面"双管齐下",以推动漏损控制目标的最终实现。

供水管网漏损控制的管理措施涵盖了包括管理体系建立、责任目标分解、非法用水稽查在内的多方面内容:

1. 建立明晰的漏损控制管理体系

要实现漏损长效管理,明确且完善的漏损控制管理体系是前提。在全国范围内,绍兴市自来水有限公司的探索与实践是供水管网漏损控制工作开展的典范。该水务公司建立了集分区计量管理、信息技术管理、管网运维全过程控制管理、人员绩效考核管理于一体的综合而完善的管网漏损控制管理体系。在分区计量管理方面,绍兴市自来水有限公司开展了建立供水管网 GIS 系统、健全 GIS 系统管理制度、构建管网独立计量单元等工作以实现管网的多层级、精细化管理;在信息技术管理方面,水务公司对管网信息化平台进行整合与开发,实现管网的智能化管理;在管网运维全过程控制管理方面,该水务公司在水表抄收、漏失巡检、管网压力、管网改造方面加大了管理力度;在人员绩效考核方面,该水务公司建立起以落实责任、监督与奖惩为核心的考核体系。最终,绍兴市自来水有限公司基于该管理体系,通过有条不紊、有据可依地开展工作取得了显著的漏损控制成效。在国际范围内,日本处于漏损控制的领先水平,其管理体系的建立经验也可以为供水企业提供借鉴。东京市政府总结的漏损预防管理体系(Leakage Prevention System)强调漏损预防、漏损及时应对以及漏损控制技术研发,具体内容如图 1-3 所示。

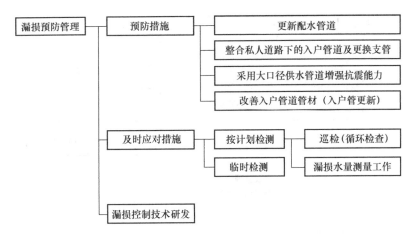

图 1-3　日本东京漏损预防管理体系

总结来说，我国绍兴市自来水有限公司建立的漏损控制管理体系较为完善，覆盖了管网分区计量、管网信息化管理、管网漏损检测、管网压力管理、管道更新、员工激励多方面内容；日本东京的漏损预防（控制）管理体系则强调了及时确认漏损位置、管网维护更新以提高管道抗震性能、漏损控制技术的研发等方面内容。供水企业在建立漏损控制管理体系时可借鉴国内外成功经验，并结合管网实际情况来进行。

2. 明确各部门的漏损责任目标

将漏损责任目标分部门进行拆解，对漏损控制全流程工作内容以部门为单位进行细化，可以更大限度地实现供水企业人力、物力、信息等资源的科学配置，有效防止各部门因职能重叠或空缺而发生工作推诿现象，便于企业按一定指标对各部门进行独立考核，推动漏损控制工作的规范、有序、积极开展。以常州市自来水有限公司采取的漏损控制组织架构为例，该水务公司成立了漏损控制领导小组，将漏损控制任务经供水服务部、其他相关职能部门或子公司分配至各营业所，而后进一步分配至各分区计量工作小组（包含涉及此项工作的财务、管网、稽查、工程、测量、计量、设计等各部门的责任人员），各部门在职责范围内开展相应工作，具体组织架构以及漏损责任目标按部门分配情况如图 1-4、图 1-5 所示。

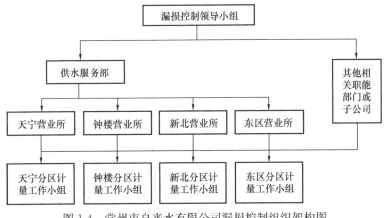

图 1-4　常州市自来水有限公司漏损控制组织架构图

17

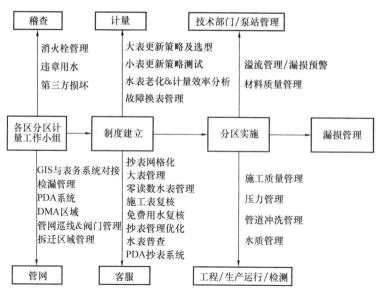

图 1-5　常州市自来水有限公司漏损责任分部门拆解图

3. 加强非法用水稽查

　　非法用水是指未取得供水部门的许可而私自对公共供水设施进行拆卸、改造和移动以非法获取水资源的行为。这项用水涵盖了错误使用消火栓和消防连接管的用水、非法接管的用水以及不依照用水类别缴费的用水，是供水管网中表观漏损的重要组成部分。通过加强非法用水稽查，能够有效降低表观漏损，明显提高供水企业的经济效益。然而非法用水时有发生，其形式十分多样和隐蔽，包括私自连接公共供水管道、水表倒装、公共消火栓窃水、人情用水等，因此打击非法用水往往需要供水企业、公众以及地方政府的通力合作。国内外各供水企业为打击非法用水，采取了多种不同的措施，例如美国得克萨斯州的奥斯汀水务主要依靠用户举报的方式进行非法用水稽查，制定从消火栓取水需要出示许可证并对取水行为进行计量或者报告的规定，对非法用水进行严格罚款；西班牙东南部阿里坎特市的水务公司主要采取的措施是换用远传水表加强用水计量和工作人员根据异常读数而现场核查；我国武汉市水务集团有限公司汉口供水部建立了供水黑名单机制，对重点用户加大人工排查力度、实施远传水表监控等手段，此外还采取了建立多层级管理机制、成立清查违章工作专班、制定举报奖励制度等措施综合打击非法用水；北京市自来水集团有限责任公司采取"企业先自查，再联合执法部门查处"的方式打击非法用水，最终追缴水费。

1.3.4　漏损控制措施指南

　　供水管网漏损控制技术繁多，不同的漏损控制技术有着不同的使用情景、成本费用以及操作难度，因此在制定管网漏损控制策略时，应具体情况具体分析，根据管网的实际情况选择适宜的漏损控制方法进行配置组合，以避免额外的投资、附加的工程难度以及不理想的漏损控制效果。表 1-6 给出了管网漏损率与该种漏损水平下可参考选用的供水管网漏损控制技术。以漏失检测与监测技术为例，该技术的应用是及时感知漏损现象、快速定位漏损位置以及高效修复漏失的前提，也是最基础和最有效的漏损控制环节之一，相对其他漏损控制技术而言，漏失的检测与监测能够以相对低的成本、相对高的可操作性、相对高的普及率，实现较为明显的漏损降低效果，因此无论在漏损水平低还是漏损水平高的管网中都推荐使用。再以管网更新为例，管网更新是一项复杂工程，其费用成本高、执行周期长、牵涉范围广、应用难度相对较大，在漏损现象相对不严重的管网中是没有使用必要的，在漏损严重的管网中反而是一种成效显著的"性价比"较高的漏损控制方法。

供水管网漏损控制技术选择参考　　　　　　　　　　　　　　表 1-6

管网漏损率 / 漏损控制技术	10%以下	10%～20%	20%～30%	30%以上
漏失检测与监测	1	1	1	1
分区管理	2	2	3*	3*
管网压力管理	3	5		
管网更新			5	3
大用户水表核查		4	3	2
管网漏损评估		5	5	
管网信息化完善		3	2	
漏损控制管理体系建立			4	4
非法用水稽查			3	2

*：建议先开展小区 DMA 的建设。

1.4　本　章　小　结

由于管网管材质量参差不齐、管网设施老化失修、管线人为破坏、管网长时间超负荷运转、管网运行管理水平不高等多方面原因，城市供水管网无可避免地会出现一定程度的漏损问题。管网漏损一方面造成水资源的严重浪费，加剧了我国水资源供需矛盾；另一方面还会带来供水成本增加、管网系统建设投资增加、供水可靠性降低等一系列负面影响。

本章对国内外供水管网漏损情况进行统计和调研，可知不同的国家和地区可能因为经济发展水平、城市基础建设水平、水务管理重视程度等存在着不同程度的供水管网漏损问题，总体来看，发达国家漏损问题较轻，而发展中国家漏损问题较为严重。对于我国来说，目前的管网漏损率与"水十条"的控漏目标相比仍有差距。因此，供水管网漏损控制必须得到重视。

针对供水管网的漏损控制问题，目前有很多切实可行的技术与措施，根据各项具体对策的性质与内容，可以大致划分为工程技术、软技术与管理措施。漏损控制的工程技术通过对管网漏失的检测与监测、管网更新改造、管网分区管理、管网压力管理、管网大用户水表核查与检定能够分别达成感知和定位管网漏失、保障管线输配水功能完好、管网区域计量和在线监测、优化调节管网运行压力、纠正水表计量问题以降低表观漏损等目的。漏损控制的软技术涵盖管网系统漏损状况评估、漏损控制方案决策优化、完善管网数字化平台建设等内容，能够帮助把握现状管网实际漏损情况、帮助制定符合实际的漏损控制组合方案、支撑基于管网信息的综合分析和展示。漏损控制的管理措施则通过建立明晰的漏损控制管理体系、分解漏损责任目标、稽查非法用水等行动，在管理层面对管网漏损控制技术起到补充作用。本章的末尾还提出了管网漏损控制技术指南，为不同漏损水平管网的漏损控制技术选择提供建议和参考。

第 2 章　漏损控制的水量平衡与表务分析

水量平衡分析是一种有效的主动漏损控制技术和管理方法，通过将供水系统损失的水量进行有效的指标分解，量化漏损的组成部分，能够全面地反映管网实际的漏损状况，有针对性地进行漏损控制。该方法能有效评估管网工作情况，反映供水漏损水平的高低，判断管网漏失的区域，为漏损控制提供科学依据。

同时，为提高漏损评估和表务计量的精确性，还应进行科学有效的表务管理，结合居民用水模式，提出区域整体的计量误差水量，指导水量平衡表中的计量损失计算，从而更好地评估漏失水量占漏损水量的比例。

2.1　水量平衡分析系统

水量平衡是指，在任意时段内，供水管网系统中任意相对封闭的区域内输入的水量应该等于输出的水量[4,5]。水量平衡是一种基于物质守恒定律的理论，通过计算机技术、数据挖掘等方法，并辅助以水量测试、分析研究等手段，对系统水平衡进行分析，根据分析结果提出建议和措施，从而降低漏损。

在供水系统水量漏损控制过程中，水量的计量和平衡是其中的关键一步，只有清晰认知供水系统各组成部分的水量，才能准确判断供水资源是否合理利用、供水设施是否存在缺陷、供水成本是否可以有效回收，从而采取相应的控制措施。水量平衡分析通过组分分析法来诊断供水系统的薄弱环节，其难点是如何进行定量与定性分析，它涉及用水单元的各个方面，同时也表现出较强的综合性、技术性，是全方位的供水管网系统漏损控制技术和管理方法[6]。

2.1.1　水量平衡分析方法与计算

2000 年，IWA 在总结英国、澳大利亚等国家供水管网运行与管理经验的基础上提出了供水管网水量平衡，让供水公司有意识地提供水的生产、输入、输出和使用的数据，量化供水损失的量。IWA 水量平衡表见表 2-1，各组分定义[7]及相互关系如图 2-1 所示。

IWA 水量平衡表　　　　　　　　　　　　　　　　　　　　表 2-1

系统供给水量	合法用水量	收费合法用水量	收费计量用水量	收益水量
			收费未计量用水量	
		未收费合法用水量	未收费已计量用水量	无收益水量 （产销差水量）
			未收费未计量用水量	
	漏损水量	表观漏损水量 （账面漏损水量）	非法用水量（偷盗、欺诈）	
			计量误差和数据处理误差水量	
		真实漏损水量	输配水管漏失水量	
			蓄水池漏失和溢流水量	
			用户支管至计量表具间漏失水量	

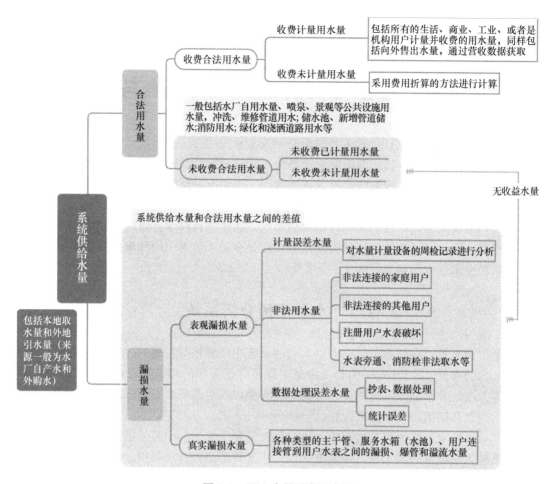

图 2-1　IWA 水量平衡示意图

利用水量平衡表,逐项排查进行供水管网的水量平衡分析,是降低供水管网漏损的重要环节。目前,可以使用一些供应商开发的软件进行水量平衡计算,计算结果以电子表格的形式输出。LEAKS Suite 提供了一系列的功能,其中包括水量平衡计算、性能指标、压力管理、主动漏损控制和漏损经济水平[8]。另外,WB EasyCalc 软件和 AquaLite 软件也提供了水量平衡计算和性能指标的功能。

我国于 2002 年发布的《城市供水管网漏损控制及评定标准》CJJ 92—2002 中并未建立水量平衡计算表格,漏损水量计算基于 IWA 的水量平衡表,然而,该评估方法难以全面适用于我国供水管网水量结构复杂的局面。为指导水务公司有效开展漏损控制,节约水资源,同时为监管漏损工作的实施提供更为科学的技术依据,住房和城乡建设部在 2016 年 9 月 5 日发布了行业标准《城镇供水管网漏损控制及评定标准》CJJ 92—2016。其中水量平衡表见表 2-2。

其中,供水总量是进入供水管网指定区域中的全部用水量之和,一般包含水厂自产水和外购水。具体而言,水厂自产水量可通过水厂进、出水口安装计量设备获得;外购水主要指该区域与其他外部区域关联的一级流量计的进、出关系。即:供水总量＝自产水量＋外购水量－外供水量。注册用户用水量是经公用事业批准的用于所有用途的水。具体是指计算周期内，注册用户、供水单位和其他间接或明确授权部门的计费用水量和免费用水量之和。漏损水量是供水总量和注册用户用水量的差值，包括计量损失水量、漏失水量、其他损失水量。产销差水量（无收益水量）是供水总量与计费用水量之间的差值，是从财务角度评估供水企业输出到管网的水量与销售到用户终端的水量之间的差异。

中国水量平衡表 表 2-2

			计费用水量	计费计量用水量	收益水量
自产供水量	供水总量	注册用户用水量		计费未计量用水量	
			免费用水量	免费计量用水量	
				免费未计量用水量	
		漏损水量	漏失水量	明漏水量	产销差水量（无收益水量）
				暗漏水量	
				背景漏失水量	
				水箱、水池的渗漏和溢流水量	
外购供水量			计量损失	居民用户总分表差	
				非居民用户表具误差	
			其他损失	未注册用户用水和用户拒查等	
				管理因素导致的损失水量	

新修订的标准水量平衡表模型与 IWA 水量平衡表相比，水量划分的差异主要体现在漏损水量，具体包括：

1. 摒弃了"表观漏损"的概念，重新划分为"计量损失"和"其他损失"

表观漏损是指表面损失的水量，即经过用户使用但没有得到有效计量的水量。这一部分可以包括仪表计量误差、非法用水（即未授权用水、盗水）、抄表误差、数据处理及账面误差。我国把这部分水量进一步细分为计量损失和其他损失水量[9]，一方面强调未来水务行业管理应重视计量，没有计量就没有管理；另一方面，把非法用水、抄表误差、数据处理及账面误差等可以通过加强管理而降低损失的水量，归类为其他损失水量，旨在提升水务行业的行政管理成效。

2. 摒弃了"真实漏损"的概念，重新定义了"漏失水量"的内涵

IWA 版本的"真实漏损"亦称"物理漏损"，即真实漏掉的水量，未被使用便流出输配水系统，是被浪费掉的水资源；而我国水量平衡表将"漏失水量"更具体地细分为四个部分：背景漏失水量、已知或未知的管道破损（明漏水量和暗漏水量）、水箱（池）的渗漏和溢流水量。

如前所述，我国的水量平衡表进一步厘清了"漏损水量"和"漏失水量"的区别。IWA 和《城镇供水管网漏损控制及评定标准》CJJ 92—2016 中各项水量的对应关系如图2-2 所示。

根据《城镇供水管网漏损控制及评定标准》CJJ 92—2016 中提出的水量平衡表各项水量划分定义，有计量部分的用水量可以通过水表或流量计获取，未计量部分和其他损失水量主要根据水务公司供水区域的实际情况估算，综合统计可得出漏失水量的值进行漏损率考核，并进行有针对性的漏损控制。为此，下文将逐项解析注册用户用水量和漏损水量

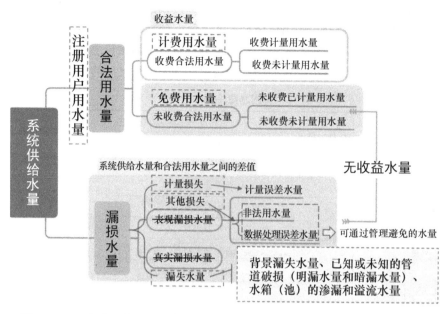

图 2-2 IWA 与我国水量平衡表的差异（虚框内为我国水量平衡表的水量归类表述）

所包括的各项水量的计算和估算方法，并根据 H 市 W 区域的实际情况进行实例分析。

2.1.2 已计量的注册用户用水量分析

1. 用水分类

计算有计量的用水量时，应先确认计量用水的分类，再根据计量设备的抄表周期调整抄表数据。

首先，应确定所有安装水表、流量计的用户，获取其计量用水数据的账目。可按用途分类，包括生活用水、事业用水、工业用水、商业用水、趸售用水、二次加压泵房内的自用水量、在线水质监测点用水量等，具体类别可能因各地政策不一样而有所差别，但是计量的分类原则应是一致的。根据实际计量用水，及供水企业营业收费系统中的不同用水使用对象，一般可以划分以下类别，具体见表 2-3。

有计量的用水量分类表　　　　　　　　　　　　　　　　　表 2-3

	类别	定义	备注	管理责任
计费计量用水量	生活用水	居民正常生产和生活所使用的水量	如一户一表、村户表、单元（墙门表）、行政村总表、住宅区总表	营业管理科—大客户管理、抄表复核、表务数据、计量、接水审核相关部门
	事业用水	非经营性质的事业生活用水、园林绿化、道路浇洒水量等	例如学校、机关事业、部队、环卫、洒水车、公厕等	
	工业用水	工业正常生产和生活所使用的水量	在商业用地、居民小区、配套的工业建筑内，为了满足特定需求，在得到使用许可的前提下，使用消火栓取水，应根据小区消火栓上的水表向物业计量计费	
	商业用水	生活正常生产和生活所使用的水量		

	类别	定义	备注	管理责任
计费计量用水量	建筑用水	高层建筑正常生产和生活所使用的水量	指小区二次泵房加压后的用水	营业管理科—大客户管理、抄表复核、表务数据、计量、接水审核相关部门
	趸售用水	向相邻区域管网输出的水量		
免费计量用水量	二次加压泵房内的自用水量	泵房内工人的生活用水和淋浴用水	由专门的管道供水，装表计量读数	
	在线水质监测点用水量	用于取样检测水质指标是否合格	应安装计量设备进行水量计量；若无计量设备，可根据放落点龙头的口径和放落时间对这部分水量进行计算	

2. 数据同步性调整

确认计量用水后，应进行抄表数据的调整。

目前供水企业普遍采取每月或每两个月抄表一次，区域内的水表抄收周期之间呈现时间异步性，不能直接统计该区域内特定时间范围的用水量。当流量计的读数日期与计算开始和结束的日期不相吻合时，必须校正计算的用水量，对名义售水量进行折算处理，形成和供水周期一致的真实售水量，使用户抄表记录的收费计量用水量和系统供给水量的统计时间保持一致[10]。

水务公司进行财务营账管理时，一般把户表在本月抄表的水量归到该月发生，但实际上该部分水量是滞后的，而水厂的供水流量计是实时远传。计算产销差时，通过两个月或每月抄表的开出水量，经过营收系统的静态处理分析，再根据水厂的供水量得出该统计时间的产销差。由于抄表周期不是自然月、营收系统的静态处理、冲红水量（因人工抄表会存在抄表错误的问题，需根据客户投诉反映后核实，该部分冲红水量可能使部分已收费的水量产生退款并修正后重新录入）等影响，得出的产销差数据可能符合财务需求，但不是真正意义上管网的产销差，无法指导实际产销差的控制。

此外，目前的 DMA 建设中，考核表和部分户表会安装在线远传水表，但一般居民户表一天用水量小于 $1m^3$，而远传只读取整数位，故户表的用水量几天才有变化，需假定区域内不同户表的用水规律一致。

因此，抄表数据的调整应通过 SQL Server 数据库获得抄收水表系统区域内的户号、本次抄表日期及其对应的抄收水量、上次抄表日期及其对应的抄收水量的数据，把用户分为单月抄表、双月抄表、每月抄表，计算该段时间内的日均用水量，然后以 ΔT 代表抄表周期的天数。通常表册号中包含若干个户号数，表册号内的户号数都有一个相对固定的抄表日期，上次抄表日期和本期的抄表日期排除节假日的影响，理应相差不大。若抄表日子固定，每月抄表的用户，最近两次抄表间隔天数就是上个月的日历天数；单月或双月抄表的用户，最近两次抄表间隔天数就是上两个月的日历天数。这样，日均用水量就是两次抄表数据的差除以抄表间隔天数。对于每一块区域的表册号，日均用水量应该是可以随着表册号抄表后实时前进，即用当月的抄表数据替换掉上周期的数据，便得到该区域的最新日平均售水量。

对于单块水表而言，假设每次抄表间隔天数为 ΔT，则这段抄表时间内，这块水表对应的用户平均日用水量 $\bar{q}_i$ 如式（2-1）、图2-3的日报分析所示。

$$\bar{q}_i = (V_i - V_{i-1})/\Delta T \tag{2-1}$$

式中 $\bar{q}_i$ —— 抄表时间内水表对应的用户平均日用水量，m^3/d；

$\quad\quad V_i$ —— 本次抄表读取的抄表数据，m^3；

$\quad\quad V_{i-1}$ —— 上次抄表读取的抄表数据，m^3；

$\quad\quad \Delta T$ —— 本次抄表与上次抄表间隔的抄表周期的天数，d。

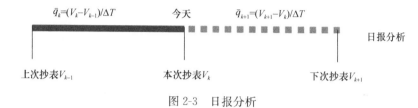

图2-3 日报分析

整个DMA区域内在第 i 天抄收的最新用水总和如式（2-2）所示。

$$Q_i = \sum_{i=1}^{n} \bar{q}_i \tag{2-2}$$

式中 n ——DMA区域内户表个数；

$\quad\quad i$ ——当天抄表日期（$i=1, 2, \cdots, n$）。

抄表人员按照表册号的顺序抄表，已抄表的用户水量可以更新替换上一个周期读数，该DMA区域内的 Q_i 是每天更新的，其更新迭代过程如图2-4所示。

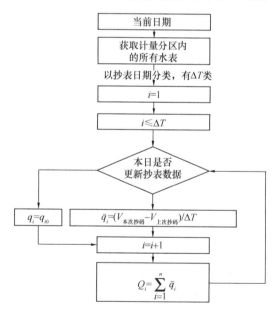

图2-4 计量分区日用水量计算流程图

2.1.3 未计量的注册用户用水量分析

日常管段水质维护的冲洗水量、爆管维修后的冲洗水量以及消防水量等用水量，由于没有水表计量，评估考核较困难，但这部分水量涉及产销差和漏损率计算的关键，应引起重视，可根据流体力学基本方程对清洗管道所消耗的用水量进行估算。

1. 流体力学的基本方程

（1）连续性方程——运动学方程

对于管道中不可压缩流体（密度是常数）的流动，取任意两个过流断面，断面面积分别为 A_1、A_2，与之对应的平均流速分别为 V_1、V_2，将两个断面以及管壁面所围的空间取为控制体，则两个断面上的体积流量相等，如式（2-3）所示。

$$V_1 A_1 = V_2 A_2 \qquad (2\text{-}3)$$

式中　A_1、A_2 ——过流断面的断面面积，m^2；

　　　V_1、V_2 ——过流断面对应的平均流速，m/s。

（2）动力学方程——伯努利方程

当不可压缩的理想流体在重力作用下作恒定流动，任意两个渐变流断面的总水头如式（2-4）所示。

$$z_1 + \frac{P_1}{\rho g} + \alpha_1 \frac{u_1^2}{2g} = z_2 + \frac{P_2}{\rho g} + \alpha_2 \frac{u_2^2}{2g} + h_w \qquad (2\text{-}4)$$

式中　z ——位置水头，即流体微团的位置高度，m；

　　　$\dfrac{P}{\rho g}$ ——压强水头，即测压管液柱的高度，m；

　　　$\alpha \dfrac{u^2}{2g}$ ——速度水头，单位质量的流体所具有的动能的长度量纲，m；

　　　h_w ——单位重量的流体为克服粘性阻力而消耗的能量，m。

2. 流态判别

在水力学中，水在圆管中的流动有层流、紊流、过渡流三种流态，可以根据雷诺数 Re 进行判别，如式（2-5）所示。

$$Re = \frac{VD}{\nu} \qquad (2\text{-}5)$$

式中　V ——管内平均流速，m/s；

　　　D ——管径，m；

　　　ν ——水的运动黏滞系数，m^2/s。

其中，ν 与温度 T 有密切关系，其具体表达式如式（2-6）所示。

$$\nu = \frac{\mu}{\rho} = \frac{1.777 \times 10^{-3}(1 + 0.0337T + 0.00022T^2)^{-2}}{999.457(1 + 0.000052939T - 0.0000065322T^2 + 0.00000001445T^3)}$$

$$(2\text{-}6)$$

式中　μ ——水的动力黏性系数，$kg/(m \cdot s)$；

　　　ρ ——水的密度，kg/m^3；

　　　T ——水温，℃。

在供水管网中，流速一般 $V = 1.0 m/s$，管径 $D = 300 \sim 1000 mm$，水温在 $5 \sim 25℃$，水的运动黏滞系数为 $0.89 \times 10^{-6} \sim 1.52 \times 10^{-6} \ m^2/s$，经计算，雷诺数 $Re > 100000$，处于紊流状态。

3. 水头损失计算

（1）沿程水头损失

对于圆管满流，管渠沿程水头损失 h_f 如式（2-7）所示。

$$h_f = \lambda \cdot \frac{l}{d} \cdot \frac{V^2}{2g} \tag{2-7}$$

式中　λ——沿程阻力系数；

　　　l——管道长度，m；

　　　d——管道直径，m。

当水流态处于紊流过渡粗糙区，可由柯列勃洛克公式，得沿程阻力系数 λ，如式（2-8）所示。

$$\frac{1}{\sqrt{\lambda}} = -2\lg\left(\frac{k_s}{3.7d} + \frac{2.51}{Re\sqrt{\lambda}}\right) \tag{2-8}$$

式中　k_s——管道的当量粗糙度，单位一般与管道直径 d 一致，m。

在给水排水常用管道材料的直径与粗糙度范围内，阻力平方区的流速界限为 $0.6\sim 1.5\mathrm{m/s}$，此时 $\frac{2.51}{Re\sqrt{\lambda}} \to 0$，所以式（2-8）可用尼古拉兹粗糙管经验公式表示，如式（2-9）所示。

$$\frac{1}{\sqrt{\lambda}} = 2\lg\frac{3.7d}{k_s} \tag{2-9}$$

式（2-9）可进一步简化为希林松粗糙区公式，如式（2-10）所示。

$$\lambda = 0.11 \cdot \left(\frac{k_s}{d}\right)^{0.25} \tag{2-10}$$

（2）局部水头损失

在供水管网的连接处的断面扩大或缩小、弯管改变输水方向、管路中的阀门、滤水网等管道配件处发生。局部水头损失发生在流程中发生边界层分离和二次流处，在该处出现黏性阻力和压差阻力，如式（2-11）所示。

$$h_j = \xi\frac{V^2}{2g} \tag{2-11}$$

式中　ξ——局部阻力系数。

常见的局部阻力系数 ξ 见表 2-4。

局部阻力系数 ξ　　　　　　　　　　　　　　　　表 2-4

局部阻力设施	ξ	局部阻力设施	ξ
全开闸阀	0.19	90°弯头	0.9
50%开启闸阀	2.06	45°弯头	0.4
截止阀	3～5.5	三通转弯	1.5
全开蝶阀	0.24	三通直流	0.1

4. 管道冲洗水量的估算

以日常市政维护的管道冲洗水量为例，如图 2-5 所示，把总管道下游的阀门 a 关闭，打开排放管道的阀门 b，让主管道的冲洗水沿排放管道排入到外河或排放口。当维护结束后，关闭阀门 b，打开阀门 a，恢复日常供水。

根据连续性方程式（2-3），可得式（2-12）

$$\frac{\pi}{4}d_1^2 V_1 = \frac{\pi}{4}d_2^2 V_2 \qquad (2\text{-}12)$$

根据伯努利方程式（2-4），断面 1-1 和断面 2-2 之间的方程可化为式（2-13）。

$$H + \frac{V_2^2}{2g} = \frac{V_1^2}{2g} + \lambda_1 \cdot \frac{l_1}{d_1} \cdot \frac{V_1^2}{2g} +$$

$$\lambda_2 \cdot \frac{l_2}{d_2} \cdot \frac{V_2^2}{2g} + \xi \frac{V_1^2}{2g} \qquad (2\text{-}13)$$

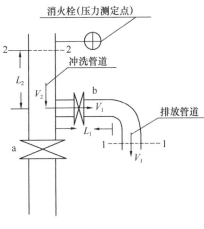

图 2-5　管道冲洗水量示意图

式中　H ——冲洗时水压，现场实测，约等于离排放口最近的消火栓或排放口前冲洗管道上临时设置测压点（按水流方向）所测定的压力，m；

l_1 ——排放口长度，m；

l_2 ——冲洗管长度，m；

λ ——沿程阻力系数，在给水管网中，水流速度通常大于 1m/s，所以雷诺数大于 10^5，其值可采用式（2-10）；

k_s ——管道的当量粗糙度，给水管网常用的材质是铸铁管，其 $k_s = 0.15 \sim 0.5\text{mm}$，这里取 $k_s = 0.25\text{mm}$；

ξ ——局部阻力系数，主要包括异径丁字管阻力系数、闸阀阻力系数、排放突然扩大阻力系数、弯头阻力系数等，查手册综合得 $\xi = 3.4$。

由式（2-12）和式（2-13）及上述的各参数取值公式，令冲洗管道管径 d_2 与排放管道管径 d_1 之比为 K，可得排放口流速如式（2-14）所示，管道冲洗流量如式（2-15）所示。

$$V_1 = \sqrt{\frac{2gHK^4}{K^4\left(1 + \lambda_1 \frac{l_1}{d_1} + \xi\right) + \lambda_2 \frac{l_2}{d_2} - 1}} \qquad (2\text{-}14)$$

$$Q = \frac{\pi}{4} \cdot \sqrt{\frac{2gHd_1^4}{1 + \lambda_1 \frac{l_1}{d_1} + \xi + \left(\frac{1}{K}\right)^4 \cdot \left(\lambda_2 \frac{l_2}{d_2} - 1\right)}} \qquad (2\text{-}15)$$

根据现场经验数值及《自动喷水灭火系统施工及验收规范》GB 50261—2017，排水管道的截面积不得小于被冲洗管道截面积的 60%[11]，故 K 只能取 1，故流量值式（2-15）可表示为式（2-16）。

$$Q = \frac{\pi}{4} \cdot \sqrt{\frac{2gHd^4}{0.11\left(\frac{k_s}{d}\right)^{0.25} \frac{L}{d} + \xi}} \qquad (2\text{-}16)$$

5. 管道冲洗流量和各参数的不确定度分析

为了使问题简化，忽略重力加速度 g 的不确定度，取 $g = 9.8\text{m/s}^2$，此时影响 Q 的参数有 H、d、L，为了估计这三个参数的不确定度对水量 Q 的影响，把式（2-16）在点 (H, d, L) 泰勒展开，忽略二阶以上高阶微量，可得式（2-17）~式（2-19）。

$$\frac{\partial Q}{\partial H} = \frac{Q}{2H} \qquad (2\text{-}17)$$

$$\frac{\partial Q}{\partial L} = -\frac{1}{2} \cdot \frac{Q}{9.09\xi d \left(\dfrac{d}{k_s}\right)^{0.25} + L} \tag{2-18}$$

$$\frac{\partial Q}{\partial d} = Q\left(\frac{2.625}{d} + \frac{5}{8} \cdot \frac{\xi d^{0.25}}{0.11 k_s^{0.25} L + \xi d^{1.25}}\right) \tag{2-19}$$

在实际工程中，冲洗管道的废水是就近排入市政雨水口。由《室外排水设计标准》GB 50014—2021 第 5.7.3 条可知，雨水口间距宜为 25～50m，所以取 $l_1 = 40\text{m}$[12]。由《室外给水设计标准》GB 50013—2018 第 7.5.5 条可知，输水管道应考虑自身检修和事故时维修需要设置阀门，且根据消防的要求，配水管网上两个阀门之间消火栓数量不宜超过 5 个[13]，而每个消火栓间距设计中常取为 100m，所以配水管网上两个阀门之间的间距不宜超过 500m。因需按最不利点考虑流速是否满足冲洗要求，所以冲洗管道的长度 $l_2 = 500\text{m}$，故 $L = l_1 + l_2 = 540\text{m}$。

由此可知，考虑供水管网的管径不超过 DN1000 且 $k_s = 0.25\text{mm}$，式（2-18）的值可估算为式（2-20）。

$$-\frac{1}{2} \cdot \frac{Q}{L} \leqslant \frac{\partial Q}{\partial L} \leqslant -\frac{1}{3} \cdot \frac{Q}{L} \tag{2-20}$$

由于 $k_s = 0.25\text{mm}$，式（2-19）可近似为式（2-21）。

$$\frac{\partial Q}{\partial d} = \frac{13Q}{4d} \tag{2-21}$$

忽略二阶以上的高阶微分，管道冲洗流量 Q 的不确定度可表示为式（2-22）。

$$\Delta Q = \frac{\partial Q}{\partial H}\Delta H + \frac{\partial Q}{\partial L}\Delta L + \frac{\partial Q}{\partial d}\Delta d \tag{2-22}$$

把式（2-17）、式（2-20）、式（2-21）代入式（2-22），管道冲洗流量 Q 的不确定度可表示为式（2-23）。

$$\Delta Q = \frac{Q}{2H}\Delta H - \frac{Q}{2L}\Delta L + \frac{13Q}{4d}\Delta d \tag{2-23}$$

由于测量值偏差 ΔQ、ΔH、ΔL、Δd 实际上是不知道的，在分析时可用置信区间的半宽 u 表示；用 $\Delta Q/Q$、$\Delta H/H$、$\Delta L/L$、$\Delta d/d$ 表示无因次的标准不确定度 u^*，且 ΔQ、ΔH、ΔL、Δd 之间互相独立，所以 ΔQ 的无因次标准不确定度表示为式（2-24）。

$$u^*(Q) = \sqrt{\frac{1}{4}u^*(H)^2 + \frac{1}{4}u^*(L)^2 + 10.56u^*(d)^2} \tag{2-24}$$

由式（2-24）可知，冲洗流量 Q 最主要影响因素为管径 d，而管网压力 H 和管道长度 L 主要影响的是排放速度。为了方便数据的整理统计，可制定冲洗水量估算表 2-5，该表格可用于估算水质保障排放水量和抢修后的管道清洗用水。

冲洗水量估算表　　　　　　　　　　　　　　　　　　　　　　　表 2-5

管径(mm) ＼ 流量(m³/h) ＼ 压力(MPa)	0.10	0.15	0.20	0.25	0.30	0.35	0.40
100	34	42	48	54	59	63	68
150	97	119	138	154	169	182	195

压力(MPa) 管径(mm) 流量(m³/h)	0.10	0.15	0.20	0.25	0.30	0.35	0.40
200	206	252	291	325	356	385	411
300	585	717	827	925	1013	1095	1170
400	1221	1495	1727	1931	2115	2284	2442
500	2150	2633	3041	3399	3724	4022	4300
600	3400	4165	4809	5377	5890	6362	6801
700	4995	6117	7064	7897	8651	9344	9989
800	6950	8512	9829	10990	12038	13003	13901

注：1. 压力单位为 MPa，该数据现场实测，可以利用离排放口最近的消火栓（按水流方向）或排放口前冲洗管道上临时设置测压点所测定的压力；

　　2. 管道口径指排放管道口径。

结果表明，根据《给水排水管道工程施工及验收规范》GB 50268—2008 第 10.4.2 条可知，冲洗时以流速不小于 1.0m/s 的冲洗水连续冲洗，直至出水口处浊度、色度与入水口冲洗水浊度、色度相同为止[14]，表 2-6 的冲洗管道主管流速基本满足要求。根据《自动喷火灭火系统施工及验收规范》GB 50261—2017 第 6.1.8 条可知，水冲洗时，冲洗水流速度可高达 3m/s；且在市政管网上，管道最大流速不应超过 2.5~3.0m/s，防止管网因水锤、冲刷出现事故，所以表 2-6 中管径较大的排放管流速稍大，大于 3m/s 也在合理范围。

对应排放管道的流速 表 2-6

压力(MPa) 管径(mm) 流速(m/s)	0.10	0.15	0.20	0.25	0.30	0.35	0.40
100	1.200	1.469	1.696	1.897	2.078	2.244	2.399
150	1.533	1.877	2.168	2.424	2.655	2.868	3.066
200	1.819	2.228	2.572	2.876	3.150	3.403	3.638
300	2.300	2.817	3.253	3.637	3.984	4.303	4.601
400	2.700	3.307	3.819	4.270	4.677	5.052	5.401
500	3.043	3.727	4.304	4.812	5.271	5.693	6.086
600	3.342	4.094	4.727	5.285	5.789	6.253	6.685
700	3.607	4.418	5.101	5.703	6.247	6.748	7.214
800	3.843	4.707	5.435	6.076	6.656	7.189	7.686

某水务公司内部的冲洗水量估算见表 2-7。

某水务公司内部的冲洗水量估算　　　　　　　　　表 2-7

压力（MPa） 管径 （mm）　流量（m³/h）	0.10	0.15	0.20	0.25	0.30	0.35	0.40
100	153	188	217	242	266	287	307
150	373	457	527	589	646	697	746
200	690	845	975	1091	1195	1290	1380
300	1615	1978	2284	2554	2797	3021	3230
400	2927	3585	4140	4628	5070	5476	5854
500	4625	5665	6541	7313	8011	8653	9250
600	6709	8216	9488	10607	11620	12551	13417
700	9177	11240	12978	14510	15895	17169	18354
800	12030	14734	17014	19022	20837	22507	24061

将表 2-6 和表 2-8 进行对比，可以看出水务公司估算的排放管道流速更大，大部分时候都超过 10m/s，与实际情况不符，也会造成估算的冲洗水量偏大，从而导致计算的漏损率会偏小。

某水务公司内部的对应排放管道的流速　　　　　　　表 2-8

压力（MPa） 管径 （mm）　流速（m/s）	0.10	0.15	0.20	0.25	0.30	0.35	0.40
100	5.414	6.653	7.679	8.563	9.413	10.156	10.863
150	5.866	7.187	8.288	9.263	10.160	10.962	11.732
200	6.104	7.475	8.625	9.651	10.571	11.412	12.208
300	6.350	7.777	8.980	10.042	10.997	11.878	12.700
400	6.473	7.929	9.156	10.235	11.213	12.111	12.947
500	6.546	8.018	9.258	10.351	11.339	12.248	13.093
600	6.595	8.076	9.326	10.426	11.422	12.337	13.188
700	6.627	8.117	9.372	10.479	11.479	12.399	13.254
800	6.651	8.146	9.407	10.517	11.521	12.444	13.303

6. 冲洗水量和其他计费/免费未计量用水量估算

上文已从流体力学的基本原理分析了市政管网冲洗水量的估算方法，但是在未计量水量中，部分水量需追收缴费，涉及的经济因素及社会因素较多，不能仅从水力学角度分析，应根据当地的实际惩罚制度对水量进行修正。

根据实际未计量用水情况，可按计费和免费两大类别统计，具体见表 2-9 和表 2-10。

计费未计量用水量分类　　　　　　　　　　　表 2-9

类别		定义	水量计算	参数说明	管理责任
违章用水	偷盗水	包括私自在市政供水管网上接水、无表用水、擅自将自建供水管网系统与城市公共供水管网系统连接、未经允许在城市公共供水管道上直接装泵抽水、擅自拆卸或改动或倒装计费水表	$V = k \cdot q \cdot t$ 这部分水量经稽查后，其应收金额等于水量乘以惩罚单价，此单价一般比正常的用水价要高。多出的金额而产生的水量应归类到冲红水量	q——平均流量，可根据口径估算； t——违章时间，通过举证的初始时间确定违章行为发生的实际时间； k——压力修正值。市政管网压力一般为 0.3MPa，以此为基准值对流量进行校正。根据经验公式 $k = (H/0.3)^{1.18}$ 计算	若是大用户水表则属于综合办公室—稽查科； 若是居民小区内的用户小表，则属于营业管理科—接水审核
			按用户过去 3 月内产生的水量进行估算		
			专家仲裁评估		
	管网人为损坏	由于施工等原因造成管网损坏（包括管道、水表、消火栓等）而流失的水量	$V = \sum_{j=1}^{n} (q_j \cdot t_j + 2 \cdot q_{nom} + V_f)$ q_j——水管破损流量，m³/h； q_{nom}——水管正常流量，m³/h，报接后推荐时间为 2h； V_f——冲洗水量，m³		综合办公室—稽查科
	消火栓盗用	私自打开消火栓用水	按用户产生的水量进行估算		综合办公室—稽查科
	转供水	包括用水性质改变（例如，民用变商用）和未改变性质的用水	须注意避免水量的二次计算，转供水应为水量没有变化，只是有惩罚金额的增加		大用户水表属于综合办公室—稽查科； 用户小表，属于营业管理科—接水审核
供水管道新建工程冲洗水量		用于清洗系统中的污染物和残留物、测试配水系统出水以满足公共健康标准、测试流量计和新干管等所用水量，该费用由企业支出（建议可引用新型气水冲洗技术减少冲洗水量）	$V = q_i \cdot t_i$ 或采用便携式流量计测定	q_i——根据管径得面积，再乘以流速； t_i——冲洗时间，冲洗时间通常规定为 1h 或 2h	管网管理科
			若该区域形成独立计量区，可直接在晚上排管冲洗，以远传表得到的最小夜间流量为水量依据		
			不具备条件时，可按表 2-5 核定冲洗水量		
二次供水设施清洗		清洗过程中，用水主要分为放空水箱和冲洗水箱。流程是放空水箱存水、人工刷洗（物理）、添加洗涤剂（化学）、清水冲洗	$V = V_1 \cdot n \cdot t$	V_1——水箱容积； n——放空水箱的水量约等于水箱容积，清洗水量也约为水箱容积，所以 $n=2$； t——清洗次数，通常每年清洗 2 次	营业管理科—二次供水

类别	定义	水量计算	参数说明	管理责任
借用消防	在紧急情况下调用的水量。例如突然停水停电而从消火栓取用的水量、消防紧急用水等	$V=\sum_{i=1}^{n}q_i\cdot t_i$	q_i——根据消火栓的口径和水流速度得出； t_i——应急用水持续时间	管网管理科

免费未计量用水量分类　　　　表 2-10

类别	定义	水量计算	参数说明
水质保障排放水量	为了保证管网末梢的水质安全，排放口定期的放落水量	$V=\sum_{i=1}^{n}q_i\cdot t_i$	q_i——按表 2-5"冲洗水量估算"核定冲洗水量； t_i——冲洗时间； n——排管冲洗的总时间
	用于消防栓三定冲水，具体指定时、定点、定人	$V=q\cdot t\cdot N\cdot n$	q——$DN65$ 的消火栓管口放水的平均流量，一般取 $1.91m^3/min$； t——冲水时间，统计取 3min； N——每次冲洗的消火栓数量，取上报消火栓个数的 30%； n——每年冲洗频率的次数（我国某城市的冲洗的频率为：第一季度 1 次，第二季度 2 次，第三季度 3 次，第四季度 1 次，一年共 7 次）。若按月计算，则以实际冲洗发生月份计
消防灭火用水	指取自未安装计量设备用于消防灭火的水量。消防灭火用水应根据消防水枪平均单耗、使用数量和时间进行计算[15]	$V=\sum_{i=1}^{n}q_i\cdot t_i\cdot m_i$	q_i——每支水枪流量，可取为 $6.5L/s=23.4m^3/h$； t_i——灭火时间，可取 $0.5\sim2h$，一般可取为 1h； m_i——灭火平均需水枪，统计得约为 10 支； n——根据消防年鉴的全市每年发生火灾的次数
			当统计数据不足时，可采用估算法。根据消防车的体积和车辆数进行估算
消防训练用水	指取自未安装计量设备用于消防训练时消耗的水量。包括消防车冲洗水量	$V=n\cdot N\cdot q$	n——总训练次数； N——平均每次训练的消防车数量，一般取 $N=5$； q——每辆消防车的水箱体积，一般 $q=16.5m^3$
			因为消防用水情况较为复杂，而各供水企业间自行估算的方式也并未统一，所以可根据本地数据进行调研然后对各供水企业的供水面积按比例进行估算
管网改造所需的冲洗用水量		大型市政管网改造工程 一户一表改造工程 $V=q\cdot n$	q——每个水表改造，产生的冲洗水量为 1 只 $1m^3$； n——水表个数

类别	定义	水量计算	参数说明
抢修后的管道清洗用水	因自来水管破坏而损失的水量。这部分特指修复完成后对管道的冲洗水量。其中，前期的爆管损失的水量应归类到漏失水量中的明漏水量	修复完成后的冲洗水量：$V - \sum_{i=1}^{n} q_i \cdot t_i$	q_i ——按表 2-5 "冲洗水量估算" 核定冲洗水量； t_i ——冲洗时间； n ——排管冲洗的总时间
其他用水	这部分水量包括应急用水，在紧急情况下调用的水量。例如突然停水停电而从消火栓取用的水量、消防紧急用水等	$V = \sum_{i=1}^{n} q_i \cdot t_i$	q_i ——根据消火栓的口径和水流速度得出； t_i ——应急用水持续时间（或根据备用水池的体积进行计算）

2.1.4　漏损水量评估

1. 计量损失水量

若水务公司没有开展相关的水表计量误差特性分析，可根据《饮用冷水水表检定规程》JJG 162—2009，1 级水表在高区的最大允许误差为±1%、2 级水表在高区的最大允许误差为±2%[16]。根据一般水表的误差曲线，水表误差在高区为正数。若水务公司进行了水表的误差分析，可结合本市的用水模式，求得区域水表的权重误差，详见 2.2 节中的计量误差分析。

2. 其他损失水量

其他损失水量是指未注册用户用水和因管理因素导致的损失水量。未注册用户用水主要指家庭用户和其他用户的非法接管；因管理因素导致的损失水量主要指非法使用消火栓用于非灭火途径、用户利用水表滴漏不计量而偷接水的行为。

具体分类和计算见表 2-11。

其他损失水量 　　　　表 2-11

分类	数值（m³）	说明
1. 非法接管-家庭用户	$30 \cdot a \cdot b \cdot c$	
总家庭用户数	a	a 为该区域内的在抄户数
非法接管比例	b	b 一般可取 2‰
每户用水量参数［m³/（户·d）］	c	若取每人每日用水量为 157L/（人·d），则每户用水量参数为 $c = 157 \times 3.5 \div 1000 = 0.55$ m³/（户·d）
2. 非法接管-其他用户	$30 \cdot e \cdot f \cdot g$	
DN75（含）以上管道长度（km）	d	d 为该区域的管线长度
接管数	e	在管网中，平均每 300m 存在一个接管用水点，所以接管用户数：$e = d / 300$
非法接管比例	f	f 一般可取 5‰
参考用水量 ［m³/（接户管·d）］	g	以商铺为例，在建筑给水排水中认为商铺用水量为 10L/（m²·d），常规商铺大小为 50m²，可得用水量 g 为 0.5m³/（接户管·d）

分类	数值（m³）	说明
3. 管理因素-非法使用消火栓	$30 \cdot h \cdot i \cdot j$	
消火栓个数	h	h 为该区域的消火栓个数
非法使用消火栓比例	i	i 一般可取 5‰
非法使用的消火栓水量 [m³/（个·d）]	j	非法使用消火栓一般发生在晚上，估计每个被非法使用的消火栓每天使用 2h，流量按消火栓设计流量 15L/s 进行计算，则一个消火栓被盗用的水量 $j = 108m³/d$
4. 管理因素-用户滴水损失水量	$2.592 \cdot k \cdot m \cdot n$	
水表个数	k	k 为该区域内的在抄户数
用户暗自滴水比例	m	m 一般可取 2‰
水表无法计量这部分用水	n	n 一般可取 0.2mL/s
合计	$30(a \cdot b \cdot c + e \cdot f \cdot g + h \cdot i \cdot j) + 2.592 \cdot k \cdot m \cdot n$	

3. 漏失水量

漏失水量＝供水总量－注册用户用水量－计量损失水量－其他损失水量。在注册用户用水量中，计量部分可由水表直接读出，相对精确；未计量部分和其他损失水量主要根据估算得出，精确度相对较低，可采取纵向水平衡或组分分析来相互校核。通过以上分析，可逐项计算各部分水量，进而得出漏失水量的值，进行漏失率的计算和相应考核。

4. 供水管网漏损水平的指标评价

IWA 于 1997 年启动了供水系统服务绩效指标系统的研究，并发布了《供水服务绩效指标手册》，包括运行指标、人事指标、实物资产指标、服务质量指标、水资源指标、财务与经济指标等六方面的指标为国际水协的供水服务绩效。IWA 建议各水务公司选取具有独特性的"关键绩效指标"，这对企业自身管理具有指导性意义，并且在有需要的时候可以继续增加新的绩效指标，从而更好地提升企业管理水平。然而，IWA 漏损水平评价指标集存在一定的局限性：多指标的表征并不统一，仅依靠指标评价供水管网的漏损水平，很难对不同管网之间进行统一的比较，标杆管理难以实现。此外，部分指标的估算具有不确定性，难以在国内进行统一规范化地精确计算。

因此，研究对供水管网的漏损水平进行综合评价的方法显得十分重要。为此，《城镇供水管网漏损控制及评定标准》CJJ 92—2016（2018 年修订）的"5 评定"部分根据我国的实际情况制定了相应的评定指标（即漏损率）与评定标准，并列出了评定指标的详细计算方法（详见《城镇供水管网漏损控制及评定标准》中 5.2 节与 5.3 节），综合考虑了居民抄表到户水量、单位供水量管长、年平均出厂压力和最大冻土深度等参数对供水企业的影响并进行修正，可据此计算漏损率的值，并采取相应的漏损控制措施。

2.1.5 供水管网水量审计

为了更好地进行供水管网系统的产销差和漏损控制，需进行持续有效的水量审计工作。目前，水量审计没有统一公认的定义，综合国外研究和国内实践，其内涵包括：水量审计是用来确定供水系统运行效率和水量损失可能存在于何处的管理工具；系统性地对供水企业的供水量进行有效分解，追踪进入系统的水量和离开系统的水量，对各部分水量进行量化（定性和定量）考核，实行分类管理；帮助供水企业识别水量损失是否来自于管理损失、物理损失或物理及管理损失的某一组分，并警示供水企业因水量损失而丧失的经济效益，通过相应的性能评价指标对供水企业运营状况进行评价。

水量审计主要分为以下两类：

（1）外部审计：独立于供水企业的水量审计主管机构所进行的审计，对供水企业年取/售水量进行核查，对其供水效率和经营状况进行审查和评价，并能作为金融机构为供水企业提供贷款的担保条件。开设外部审计，可以增强管理人员的责任荣誉感，鼓励其不断努力创新，提高企业运行效率；同时也能为我国展开节水工作和管理水资源工作奠定基础[17]。

（2）内部审计：供水企业内部设置专职机构和人员，独立地对企业的水量收支、水量使用状况、漏损状况、产销差率及有关经济活动进行审查，用以指导产销差调控，激励员工积极性，改善经营管理，提高供水效率和经济效益。

水量审计是持续进行的管理工具，数据报告和评价是手段和基础，目的是对供水系统进行诊断，查找薄弱环节，有针对性地进行调控，具体作用包括：

（1）通过审计的方式，供水企业能够清楚地发现在用水、管水、节水方面存在的问题，水量损失发生的原因和损失的构成情况。对供水企业的供水效率进行正确评估，才能够对供水资源是否合理利用、供水设施是否存在缺陷、供水成本是否可以有效回收进行准确判断，以便采取相应控制措施。

（2）减少水量损失，提升管理水平，降低制水投入，提高用水效率，改善财政状况，有助于改善水质，改善公共关系，维护公共健康，减少法律层面的纠纷，提升人民的生活品质[18]。

（3）增加企业的水费收益。管网漏损可能造成地下基础设施的破坏，也为雨水和污水收集系统带来巨大的负担，而且收集和处理的过程费用昂贵。因此，降低管网漏损能间接减少药耗、节约能源，同时减少排污，减轻环境污染，经济效益显著，社会效益巨大。

（4）内外兼顾，外部审计强化了对供水企业运行管理的监督、鉴证、评价，有利于供水企业之间进行横向比较，是对企业管理者的绩效考核；内部审计是对企业内部的检查、评价和咨询，是对企业员工的考核和督促，是提升企业管理水平、提高供水效率的有力保障。

要开展全面有效的水量审计，首先要建立完善的供水系统数据库，主要包括以下几点：

（1）计量工作——目前供水企业的计量仪器仪表普遍不足，计量不够全面，应该健全水厂到用户的用水三级计量仪表，对存在取用水的情况尽量做到计量全覆盖，新增用户和销户计量数据及时更新，计量设备精度定期进行校核。另一方面为了确保审计数据采集的一致性和及时性，供水企业必须加强 SCADA 建设[19]。

（2）管网数据——包括管道年代、管长、管径、管材、管道附件和管网拓扑结构，加强供水管网管段信息数据库建设，有条件的供水企业应该进行管网 GIS 系统建设。

（3）用户数据——供水企业应该全面掌握管网系统中各类用水状况和用户数据，加强普查用户的力度，及时发现偷水、部分部门随意用水和接水等现象，根据计费计量用水量、计费未计量用水量、免费计量用水量、免费未计量用水量、未注册用户用水等水量的用水规律及特征明确分类和统计方法。

（4）与相关单位的沟通协调——在我国，存在许多特殊的用水类型（如市政用水、消防用水、政府部门用水等），用水不确定性较大，计量工作难以开展，需做好部门之间的沟通协调，规范这部分用水。

（5）其他数据——强化管网中压力采集点的布置，做好财务数据（制水成本和水价）、供水服务时间相关数据的搜集统计等工作。

常见的水量审计设计流程如图 2-6 所示。在此基础上，水量审计流程可根据实际情况，在遵循真实性和科学性准则的前提下进行适当调整[20]。进行水量审计的人员需在报告中对调整部分作出说明以使人信服。

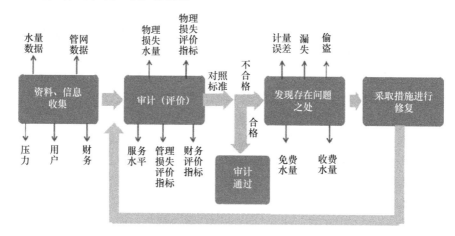

图 2-6　水量审计基本设计流程

2.1.6　水量平衡分析与漏损评估实例

以 H 市 W 区域提供的某个月基础数据为例，阐述漏损水量横向水平衡的计算过程。

1. 供水总量

W 区域内有 XF 水厂、JX 水厂、趸售供水、转运泵站，一级分区有 30 个边界流量计，其某月供水总量总和为 $12139268m^3/$月，误差幅度为 0.66%，记流入方向为正，流出方向为负，具体分项见表 2-12 和表 2-13。

W 区域水厂与泵站的供水量关系　　　　　　　　　　　　　　　　表 2-12

流入/流出	水量 （m³/月）	误差幅度 [+/− %]
XF 水厂	+4361837	0.50%
JX 水厂	+16805958	0.50%
趸售水量	+26526	0.50%
转运泵站	−1217358	0.50%

W区域流量计的关系 表2-13

流入/流出	水量 （m³/月）	误差幅度 [+/- %]	流入/流出	水量 （m³/月）	误差幅度 [+/- %]
1	+12791	1.70%	16	-1132552	1.00%
2	+619	1.50%	17	-107614	1.00%
3	+356463	1.00%	18	-16042	1.00%
4	+34777	1.00%	19	-1583766	1.00%
5	+32312	1.00%	20	-1118404	1.00%
6	+401413	1.00%	21	-157752	1.00%
7	+15370	1.00%	22	-1162886	1.00%
8	+7569	1.00%	23	-1539683	1.00%
9	+13414	1.00%	24	-543823	1.00%
10	+8245	1.00%	25	-3	1.00%
11	-10	1.00%	26	-8229	1.00%
12	+121800	1.00%	27	-555613	1.00%
13	+16134	1.00%	28	-976559	1.00%
14	+165030	1.00%	29	-316231	1.00%
15	+210297	1.00%	30	-14763	1.00%

2. 计费计量水量

对于时间同步算法下的计费计量水量，以某年 N 月（假设 N 为奇数）的用水量为例，其中人工抄表类型分为单月抄表、双月抄表、每月抄表。由于抄表具有滞后性，所以想获得 N 月的水量数据需要（$N+1$）月和（$N+2$）月的抄表数据，所需要的资料统计见表2-14，计算过程见表2-15。

计费计量用水量所需要的基础资料 表2-14

抄表日子	每月抄表		单月抄表		双月抄表
	N 月开出水量 （m³）	（$N+1$）月开出水量 （m³）	N 月开出水量 （m³）	（$N+2$）月开出水量 （m³）	（$N+1$）月开出水量 （m³）
1	109842	97846	147107	133965	94355
2	241161	164382	131113	124022	138249
3	208044	138839	72693	64513	102900
4	217541	183039	95351	76923	158396
5	237116	194293	85387	73915	90459
6	255772	197178	112608	96872	77381
7	300969	217781	117278	104102	120886
8	139700	119194	166351	154075	128560
9	102965	73964	176147	153585	74682
10	36024	26472	158592	131537	86980

续表

抄表日子	每月抄表		单月抄表		双月抄表
	N月开出水量 (m³)	(N+1)月开出水量 (m³)	N月开出水量 (m³)	(N+2)月开出水量 (m³)	(N+1)月开出水量 (m³)
11	2426592	2160335	90564	81894	68552
12	62656	41678	89483	78335	130026
13	122892	100800	94169	85879	97850
14	139076	109113	133196	108203	95252
15	32934	0	130535	106880	105595
16	153672	157308	120457	100652	77669
17	50393	47740	131564	113676	85381
18	40840	37290	131901	122664	150052
19	88778	69415	109514	93290	100258
20	60678	70576	133451	112627	74071
21	168377	173291	134055	118299	87718
22	108810	52140	102195	92747	178893
23	230023	173753	83479	72732	95963
24	1222008	1048150	106407	68852	61091
25	66010	53720	86254	76035	76289
26	65709	47870	88400	72948	77357
27	81946	72053	113162	91764	79083
28	132763	108318	75587	64554	59114
总计	5975306	4953078	3217000	2775540	2773062

计算 N 月的计费计量用水量　　　　　　　　表 2-15

抄表日子	N月系数	(N+1)月系数	(N+2)月系数	每月抄表的用户用水量	两月一抄的用户用水量		无表册号的用户
				N月实抄 (m³)	N月实抄 (m³)	(N+1)月估算抄 (m³)	N月估算 (m³)
1	0	1	31/59	97846	70388		
2	1/31	30/31	30/59	166859	65177		
3	2/31	29/31	29/59	143304	34055		
4	3/31	28/31	28/59	186378	41120		
5	4/31	27/31	27/59	199819	39334	1/2×2773062 =1386531	564294
6	5/31	26/31	26/59	206629	51771		
7	6/31	25/31	25/59	233882	55461		
8	7/31	24/31	24/59	123824	81456		
9	8/31	23/31	23/59	81448	82601		
10	9/31	22/31	22/59	29245	72069		

抄表日子	N 月系数	(N+1) 月系数	(N+2) 月系数	每月抄表的用户用水量 N 月实抄 (m³)	两月一抄的用户用水量 N 月实抄 (m³)	(N+1) 月估算抄 (m³)	无表册号的用户 N 月估算 (m³)
11	10/31	21/31	21/59	2246224	43756		
12	11/31	20/31	20/59	49122	42430		
13	12/31	19/31	19/59	109352	45882		
14	13/31	18/31	18/59	121678	60939		
15	14/31	17/31	17/59	14873	60272		
16	15/31	16/31	16/59	155549	56438		
17	16/31	15/31	15/59	49109	62853		
18	17/31	14/31	14/59	39237	65273		
19	18/31	13/31	13/59	80658	52350	$1/2 \times 2773062$ $= 1386531$	564294
20	19/31	12/31	12/59	64509	63803		
21	20/31	11/31	11/59	170121	65299		
22	21/31	10/31	10/59	90529	50334		
23	22/31	9/31	9/59	213687	40716		
24	23/31	8/31	8/59	1177141	48809		
25	24/31	7/31	7/59	63235	42410		
26	25/31	6/31	6/59	62256	43064		
27	26/31	5/31	5/59	80350	55232		
28	27/31	4/31	4/59	129609	37293		
合计				6386473	1530585		

所以该 N 月时间同步后的计费计量用水量为 6386473＋1530585 ＋1386531＋564294 ＝9867883m³。但是由于实际情况复杂，部分抄表员工不会严格按照规定的抄表日抄收，也有人工抄错读数，抑或是水表损坏，所以还要扣除冲红水量 151247m³，即当月的计费计量用水量为 9867883－151247＝9716636m³，其置信区间为 [9620601，9812672] m³。

3. 计费未计量用水量

这部分水量主要包含四个部分：违章用水主要由稽查部门提供；供水管道新建工程冲洗水量直接外包给施工方；二次供水设施清洗需要物业部门提供；借用消防需要市政部门提供基础资料，这里以某月的水量为例，见表2-16。

某月的计费未计量用水量 表2-16

分项	水量（m³/月）	误差幅度（%）
违章用水	71059	1.00
供水管道新建工程冲洗水量	5741	1.00
二次供水设施清洗	0	0.50
借用消防	4879	0.50

计费未计量该月用水量总和为 81679m³，误差幅度为 0.87%，即置信区间为 [80966，82393] m³。

4. 免费计量用水量

这部分水量包含加压泵房内的自用水量和在线水质监测点用水量，这两部分水量都是装表计量，需要人工定期抄表。以某月的水量为例，见表 2-17。

某月的免费计量用水量   表 2-17

分项	水量（m³/月）	误差幅度（%）
加压泵房内的自用水量	291	1.00
在线水质监测点	5855	1.00

免费计量用水量该月用水量总和为 6146m³，误差幅度为 0.95%，即置信区间为 [6087，6205] m³。

5. 免费未计量用水量

这部分水量包含四个部分，其中水质保障排放水量和抢修后的管道清洗用水，可根据式（2-16）或表 2-5 计算。消防灭火和训练用水的水量数据可由消防部门提供；管网改造所需的冲洗水量一般和大型工程有关，水量数据直接计入工程量中。

以 W 区域某月定期排污的 15 条管道为例，需要工作人员输入开始排污时间、结束排污时间、排污口管径、排放管长度、管网压力，结合表 2-5 冲洗水量估算表，计算出冲洗水量。

水质保障排放水量计算   表 2-18

序号	开始排污时间	结束排污时间	排污口管径 d_1（mm）	排放管长度 l_1（m）	冲洗管长度 l_2（m）	管网压力 H（m）	冲洗水量（m³）
1	2017/1/25 20：20	2017/1/25 23：10	300	40	500	30	2871
2	2017/1/25 23：00	2017/1/26 0：10	300	40	500	30	1182
3	2017/1/25 0：30	2017/1/25 1：30	200	40	500	30	356
4	2017/1/25 1：50	2017/1/25 3：00	200	40	500	30	415
5	2017/1/25 20：05	2017/1/25 21：30	200	40	500	30	505
6	2017/1/25 22：00	2017/1/25 23：10	200	40	500	30	415
7	2017/1/25 23：35	2017/1/26 1：00	200	40	500	30	505
8	2017/1/25 20：00	2017/1/25 21：05	150	40	500	30	183
9	2017/1/25 21：20	2017/1/25 22：30	150	40	500	30	197
10	2017/1/25 22：50	2017/1/26 0：00	150	40	500	30	197
11	2017/1/25 0：15	2017/1/25 1：30	150	40	500	30	211
12	2017/1/25 20：30	2017/1/25 21：30	150	40	500	30	169
13	2017/1/25 21：50	2017/1/25 23：05	150	40	500	30	211
14	2017/1/25 23：20	2017/1/26 0：35	150	40	500	30	211
15	2017/1/25 0：50	2017/1/25 1：30	100	40	500	30	39

此时，由表 2-18 可知，当月水质保障排放水量为 7667m³，对比水务公司已有的排放估算表 2-7，算出的水质保障排放水量为 24010m³，则减少估算的水质保障排放水量为 16343 m³，占供水总量比为 0.13%，即漏损率会增加 0.13%。

发生爆管时，抢修前的水量计入漏失水量，完成管道修复工作后的清洗用水属于免费未计量用水，该部分的水量工单计算可详见表 2-19。

抢修后的管道清洗用水计算　　　　　　　　表 2-19

序号	排放口口径 （mm）	持续时间 （min）	排放管长度 （m）	管网压力 （m）	局部阻力系数	冲洗水量 （m³）
1	100	15	40	30	3.4	45
2	100	20	40	30	3.4	61
3	100	15	40	30	3.4	45
4	100	20	40	30	3.4	61
5	100	25	40	30	3.4	76
6	100	30	40	30	3.4	91
7	100	15	40	30	3.4	45
8	100	20	40	30	3.4	61
9	100	10	40	30	3.4	30
10	100	15	40	30	3.4	45
11	100	20	40	30	3.4	61
12	100	10	40	30	3.4	30
13	100	10	40	30	3.4	30
14	100	15	40	30	3.4	45
15	100	20	40	30	3.4	61
16	100	15	40	30	3.4	45
17	100	10	40	30	3.4	30
18	100	10	40	30	3.4	30
19	100	20	40	30	3.4	61
20	100	15	40	30	3.4	45
21	100	10	40	30	3.4	30
22	150	60	40	30	3.4	480
23	100	20	40	30	3.4	61
24	100	25	40	30	3.4	76
25	100	20	40	30	3.4	61
26	100	15	40	30	3.4	45
27	100	60	40	30	3.4	182
28	100	60	40	30	3.4	182

水务公司已有的估算抢修后的管道清洗用水为 11519m³，而在表 2-19 中，抢修后的管道清洗用水为 2114m³，减少估算量为 9405m³，占供水总量比为 0.7‰，即漏损率比原

先估算值提高 0.7‰。

对于消防灭火、训练用水，水务公司原本并没有统计，也未纳入无收益水量中计算漏损率，若把这部分估算量加上，漏损率可减少 0.66%。

对免费未计量用水量汇总，以某月的水量为例，见表 2-20。

免费未计量用水量 表 2-20

分项	水量（m³/月）	误差幅度（%）
消防灭火、训练用水	80000	1.00
水质保障排放水量	7667	1.00
管网改造所需的冲洗用水量	210	1.00
抢修后的管道清洗用水	2114	1.00

免费未计量用水量该月用水量总和为 89992m³，误差幅度为 0.89%，即置信区间为 $[89188，90796]$ m³。

6. 计量损失水量

W 区域整体水表误差 $\varepsilon=1.14\%$（计算详见 2.2.3 节），采用式（2-25）计算计量损失水量 Q_{meter}。

$$Q_{\mathrm{meter}} = \frac{Q_{\text{计费计量水量}} + Q_{\text{免费计量水量}}}{1-\varepsilon} - (Q_{\text{计费计量水量}} + Q_{\text{免费计量水量}}) \qquad (2-25)$$

因此该月

$$Q_{\mathrm{meter}} = \frac{9716636 + 6146}{1-0.0114} - (9716636 + 6146) = 112118\mathrm{m}^3$$

7. 其他损失水量

根据 W 区域的社会调查，因非法接管和管理因素导致的损失水量计算详见表 2-21，其总和为 86691m³/月。

其他损失水量 表 2-21

		分项	数值	总和（m³）
非法接管分类	家庭用户	总家庭用户数（户）	242296	266.28
		非法接管比例	2‰	
		每户用水量参数 [m³/（户·d）]	0.55	
	其他用户	DN75（含）以上管道长度（km）	1492.90	12.44
		非法接管比例	5‰	
		接户管参考用水量 [m³/（接户管·d）]	0.50	
管理因素分类	非法使用消火栓	消火栓个数（个）	4647	2509.38
		非法使用消火栓比例	5‰	
		非法使用的消火栓水量 [m³/（个·d）]	108	
	用户滴水损失水量	水表个数（个）	242296	8.37
		用户暗自滴水比例	2‰	
		水表无法计量这部分用水（mL/s）	0.20	

8. 某月各项水量审计结果

（1）本月水量平衡表

由前述的各项分项水量，可得水量平衡表 2-22 中的各分项值，再由水量平衡定理，可得漏失水量的值为 2046006m³/月，漏失率为 16.85%；漏损水量为 2129420m³/月，漏损率为 18.49%；无收益水量为 2224695m³/月，无收益率为 19.28%。

W 区域某月的水量平衡表　　　　　　　　　　　　　　　　表 2-22

分项			数值（m³）	占比（%）
供水总量（m³）	计费计量用水量		9716636	80.043
12139268	计费未计量用水量	违章用水	71059	0.585
		供水管道新建工程冲洗水量	5741	0.047
		二次供水设施清洗	0	0.000
		借用消防	4879	0.040
	免费计量用水量	加压泵房内的自用水量	291	0.002
		在线水质监测点用水量	5855	0.048
	免费未计量用水量	消防灭火、训练用水	80000	0.659
		水质保障排放水量	7667	0.063
		管网改造所需的冲洗用水量	210	0.002
		抢修后的管道清洗用水	2114	0.018
	漏损水量	计量损失水量	112118	0.924
		漏失水量	2046006	16.855
		其他损失水量	86691	0.714

（2）本月各部分用水量所占的比例（图 2-7）

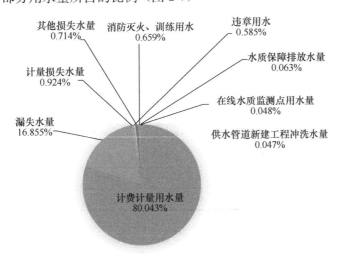

图 2-7　各部分用水量所占比例

（3）本月考核指标评价（表 2-23）

基本漏损率的修正表　　　　　　　　表 2-23

基本参数	数值	修正指标	数值
居民抄表到户水量占总供水量的比例	0.23	居民抄表到户水量的修正值 R_1	1.87%
供水总量（万 m^3）	1213.93	单位供水量管长的修正值 R_2	3.00%
DN75（含）以上管道长度（km）	1492.90		
年平均出厂压力 P（MPa）	0.30	年平均出厂压力的修正值 R_3	0
年最大冻土深度 d（m）	0.05	最大冻土深度的修正值 R_4	0

所以，修正后漏损率为 13.62%，仍未达到《城镇供水管网漏损控制及评定标准》CJJ 92—2016（2018 年修订）中的二级评定标准（12%）。

9. 年度水量审计

（1）年度水量平衡表

对每月的水量平衡表进行汇总，可得年度水量平衡表 2-24。由此可知，W 区域年度平均漏失水量值为 1655546 m^3/月，漏失率为 12.77%；漏损水量为 1866183 m^3/月，漏损率为 14.39%；无收益水量为 1974119 m^3/月，无收益率为 15.22%。

W 区域年度水量平衡表　　　　　　　　表 2-24

时间	供水总量（m^3）	计费计量用水量（m^3）	计费未计量用水量（m^3）	免费计量用水量（m^3）	免费未计量用水量（m^3）	漏损水量（m^3）	漏损率（%）	产销差（%）
1 月	12139268	9716636	81679	6146	89992	2244815	18.49	19.28
2 月	10558869	9234203	59697	6760	96914	1161296	11.00	11.98
3 月	13465508	9177305	69095	6094	105578	4107436	30.50	31.33
4 月	11958359	10246171	94029	6283	96735	1515140	12.67	13.53
5 月	13210349	10565787	146313	6006	97357	2394886	18.13	18.91
6 月	12615103	11233187	80613	19685	102565	1179053	9.35	10.32
7 月	14188636	11849899	73101	14782	90092	2160762	15.23	15.97
8 月	13971846	12367397	132203	16157	108369	1347720	9.65	10.54
9 月	13786469	12724854	103546	6134	93951	857984	6.22	6.95
10 月	13601092	11135509	80591	6673	121317	2257002	16.59	17.54
11 月	13677988	11457035	262622	6134	91279	1860918	13.61	14.32
12 月	12453488	10865006	181074	6134	94090	1307184	10.50	11.30
平均值	12968915	10881082	113714	8916	99020	1866183	14.39	15.22

（2）年度考核指标评价（表 2-25）

基本漏损率的修正表　　　　　　　　表 2-25

基本参数	数值	修正指标	数值
居民抄表到户水量占总供水量的比例	0.23	居民抄表到户水量的修正值 R_1	1.87%

基本参数	数值	修正指标	数值
供水总量（万 m³）	1296.89	单位供水量管长的修正值 R_2	3.00%
DN75（含）以上管道长度（km）	1492.90		
年平均出厂压力 P（MPa）	0.30	年平均出厂压力的修正值 R_3	0
年最大冻土深度 d（m）	0.05	最大冻土深度的修正值 R_4	0

所以，修正后漏损率为 9.52%，达到《城镇供水管网漏损控制及评定标准》CJJ 92—2016（2018 年修订）中的一级评定标准（10%）。

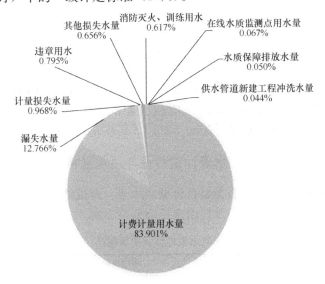

图 2-8　W 区域年度各部分用水量所占比例

（3）结果分析

从表 2-24 和图 2-8 可以看出，计费计量用水量的占比远远大于其他部分，约占 84%，所以控漏规划不应只关注漏失水量，营收管理也应重点关注，建立全方位用水计量体系，保证水表有效抄收，确保量程范围与实际用水量相匹配。

供水总量中，漏失水量占比位居第二，说明 W 区域还有很大的降漏空间，应增强日常的检漏工作和相关的分区计量管理工作，及早发现漏点。其中，漏失率平均值为 12.77%，但由于输入量误差传递过程，其置信区间为 [11.80%，13.59%]。一方面应严格控制抄收质量，减少抄表日期和用水周期不一致的情况，避免因此造成的特定周期内计量用水量的估计误差；另一方面要加强未计量部分用水工单的规范性，以便更好地估算这部分水量，减少漏损率的误差范围。

计量损失误差在供水总量中占比第三，占 0.97%，也需引起重视。其中某些水表的偏差较大，但整体平均权重误差仍在《饮用冷水水表检定规程》JJG 162—2019 中 2 级水表的误差规定内，不超过 2%。

产销差率和漏损率的变化趋势一致，其最主要的影响因素也是供水总量和计费计量用水量，其余违章用水、消防用水、水质保障排放水、水质监测点用水、管网维护的免费用水等占比都不超过 1%。

2.2 表 务 计 量

计量管理工作对供水行业有着极其重要的作用，计量的准确与否直接关系供水企业以及广大用户的经济利益和长远发展，也是直接影响供水管网漏损状况的重要因素。计量过程中，因水表或流量计产生的计量漏损也是水平衡表中的重要组分。据 IWA 统计，全球每年供水管网的漏损水量超过 320 亿 m^3，其中供水计量误差和管理因素导致的水量损失约为 160 亿 m^3，占比可达 50％左右。随着社会的进步，偷盗水的比例逐渐减少，所以供水计量误差是漏损控制重点之一。与漏失水量相比，计量误差的漏损更为无形，一些供水企业因此偏重于降低漏失水量来控制漏损，而忽略计量误差。

根据漏损发生的位置可知，漏失水量发生在水表等计量器具之前，这部分损失的水量价格按制水成本计算；而计量误差造成的损失主要来源于计量水表的不准确而导致计量数据一般比实际用水量少，计费价格为售水水价。因售水水价高于制水成本，关注供水计量误差可以有效提高水务公司收益，减少无收益水量和降低漏损率。相较于漏失水量的分析，对计量损失水量的研究目前还处于起步阶段，具有较大的提升空间。

2.2.1 水表计量特性与用水量特性

水表的类型很多，常见的水表类型有机械式水表（速度式水表、容积式水表）、电磁式水表、超声波水表，其具体分类及使用途径可见表 2-26。

常见的水表类型及使用途径　　　　表 2-26

类型			使用途径	常见型号
机械式水表	旋翼式水表	单流束水表	结构简单，适用于小口径的管道，如家庭户表计量的 15mm、20mm 管道	LXS 型
		多流束水表	常用于小型商业和工业用户的 20～50mm 口径的管道，总体性能优于单流束水表	
	螺翼式水表	垂直螺翼式水表	适用于小口径的管道，如家庭户表计量的 15mm、20mm 管道，其流通能力比相同口径的旋翼式水表大 20％	WS 型 WSRP 型
		水平螺翼式水表	常用于小型商业和工业用户的 20～50mm 口径的管道，其流通能力比相同口径的旋翼式水表大 20％	WPHD 型 WPD 型 LXLG 型
	容积式水表		采用活塞式结构，常用于计量精度要求较高、水质较好的流量计量工作，一般为小口径规格	LXH 型
电磁式水表			常用于大用户的流量计量，以电磁感应原理设计制成，无机械水表的机械部件磨损或管道内的水垢及杂物堵塞等问题，常用于水质较差的地方	MAG 型 DXL 型
超声波水表			常用于大用户的流量计量，通过超声波在水中传播的时差计算通过水量，无机械转动结构	Octave 型

水表计量性能主要与水表类型、生产厂家质量、使用年限相关。《饮用冷水水表检定

规程》JJG 162—2019 把水表的准确度分为 1 级和 2 级，详见表 2-27。一般以四组流量参数对水表的计量特性进行表征，分别为最小流量 Q_1、分界流量 Q_2、常用流量 Q_3 以及过载流量 Q_4。其中，计量高区范围为 $Q_2 \leqslant Q \leqslant Q_4$，计量低区区间为 $Q_1 \leqslant Q \leqslant Q_2$。一般而言，机械式水表在最小流量 Q_1 处达到误差的最大值，随流量增大而逐渐减小；在分界流量 Q_2 处达到最小值，并在正常工作区间 $[Q_2，Q_3]$ 内保持在一个较为稳定的范围。

水表的准确度等级 表 2-27

准确度等级	常用流量（m³/h）	水表的最大允许误差			
		水温 0.1~30℃		水温超过 30℃	
		高区（%）	低区（%）	高区（%）	低区（%）
1 级	≥100	±1	±3	±2	±3
2 级	<100 或≥100	±2	±5	±3	±5

城镇供水厂的出水经过供水管网，一般会在出厂处、大用户入口、居民用户入口等安装考核表对用水量进行记录，形成层级分明的供水计量体系。根据目前我国供水管网水量计量节点的安排，可将管网水量计量分为三级分区、五级计量，见表 2-28。

某城市的三级分区、五级计量分析体系 表 2-28

分区级别	计量级别	层级关系	划分依据	常见的安装水表类型
一级分区	一级计量	总公司→营业分公司	以各供水分公司管理为界，在水厂出口、供水环网出口、管理区域边界安装流量计计量本区域的用水量	高精度的远传电磁流量计或超声波流量计，其计量设备的准确度一般为 0.5 级或 1 级
二级分区	二级计量	营业分公司→子片区	以区域内供水管道拓扑结构或天然屏障（铁路，河流）分布为主，综合兼顾子片区净水量大小	
三级分区	三级计量	子片区→住宅小区、终端大用户	大用户一般为商业、学校、工厂等形式；居民小区的入口一般安装有流量计，计量小区作为考核表检验总消费水量，不作计费	以安装远传的机械水表为主
	四级计量	住宅小区总表→泵房总表、单元楼门表	以住宅小区内总管道同单元楼道立管连接关系为主，建立总分表关系	以安装机械水表为主，有条件加远传
	五级计量	泵房总表、单元楼门表→终端户表	以单元楼道立管同用户表连接关系为主，建立总分表关系	

2.2.2 供水计量器具与运营管理

供水计量器具与漏损控制关系密切。其中，绍兴市自来水有限公司通过研究发现水表计量的准确性对漏损控制的水平至关重要：所有水表总数为 1% 左右的大口径水表（DN50 及以上的贸易结算水表），承担的表计水量占所有售水量的 50% 以上，可见这 1% 的水表计量效率的高低将直接影响整个水务公司的漏损率水平，集中精力提高这 1% 水表的计量精度可取得事半功倍的效果；同时，这部分水表的计量误差抽检合格率约为 70％，误差负偏差比例大于正偏差，负误差绝对值较大，提升这部分水表的计量精度可大幅降低水务公司的漏损水量。此外，口径≥DN300 的对外贸易结算和内部区域结算的流量计是统计供水量的重要来源，也是漏损分析的源头，流量计发生故障或失准，也将对漏损率统计产生重大影响。

水表和流量计除了承担售水量和供水量计量的作用以外，在检漏工作中也有一些其他辅助作用，包括：（1）实行分区检漏：水表用于一般考核表（住宅小区考核、农村片区考核），流量计可建立独立计量区域（区域管网）进行 DMA 管理，两者结合可缩小漏损分析范围，定期判断漏损状况，实现有目的、有重点、高效率检漏；（2）实现漏损报警：利用大表远传监测设备进行住宅小区考核、农村片区考核，实行数据采集与远传发送，在办公室可以实时查看与自动分析（夜间最小流量），结合流量计进行 DMA 管理，可及时发现漏损现象，指导漏损检测工作。

因此，供水企业需要建立严密的供水计量管理体制，实施精确的供水计量。为规范表务管理，应根据公司实际情况制定相应的表务管理制度，包括表号管理、选型及计量性能分析、购置、库存管理、发放、日常业务等工作流程。

其中，科学合理的水流量仪表选型在提高水表合理性、减少水表运行故障及检修成本、减少计量损失和实现准确、高效计量等方面都能收到较好的效果，水流量仪表选型应遵循以下几项基本原则：

（1）多品种原则：由于每一管网上用户的实际用水情况差异较大，每一种水表的性能差异也不一样，各种水表特点见表 2-29，因而要做到尽量按实际用水的瞬时流量和累计水量来选择水表。如管网有长期中流量的用户，则采用 LXL 型水平螺翼式水表，没有特别大流量而长期中小流量的用户采用 WS 垂直螺翼式水表，既有大流量又有长期特小流量的用户采用子母水表，有较大或特大流量的用户采用 WPD 宽量程水表或电子水表（电磁和超声水表）。

水表优缺点对比及适用场所参考　　　　表 2-29

水表类型	优点	缺点	适用场所
LXS 型旋翼式	价格比较低，质量比较好	受口径范围限制，一般以 DN50 为主	经常处于水表分界流量以上运行，流量稳定，变化较小的用水点
LXL 型水平螺翼式		不适宜大流量计量，始动流量比较大，不适用于小流量计量	
WPD 型水平螺翼式	机械强度大，其过载能力大大高于其他国产水表，压力损失较小	价格比普通国产水表贵 3～4 倍，机芯整体都进口，自行检修不方便	水表长期在常用流量附近运行的用水点；长时间持续大流量，流量变化较大，有可能出现超过常用流量的用水点；月均用水量 2 万 m³ 以上的用水点
WS 型垂直螺翼式	量程较大，始动流量较小，可计量管道中绝大部分水量	在大流量时压力损失较大，不适应长期在大流量计量水量；比国产普通水表贵一点	经常处于水表分界流量以下运行，但有消防要求的用水点；长时间处于小流量点运行

续表

水表类型	优点	缺点	适用场所
LXF 型复式	具有水表中最大的量程比，可兼顾大小流量的计量	磁传动有出现脱磁现象，转换阀的设计使得整表压力损失较大、转换阀故障率高，自行检修不方便	对压力要求较小的场合；经常处于水表最小流量以下运行，但口径又不能缩小的用水点；大流量持续时间较短
电子水表	计量精度高，可达0.5级；维修量较小；量程比极大；无压力损失	价格昂贵，是普通水表的10~20倍，长时间在阳光或高温环境下液晶面板容易损坏	水表长期超过常用流量运行的用水点或瞬时流量超过常用流量 2 倍以上；口径大于 DN200 的用水点；水表安装环境要在没有阳光或高温作用的地点

（2）动态管理原则：每个用户水表的用水情况是动态变化的，随着水表远传监控技术的发展和推广，可以即时准确地获得水表各个时段的实际用水量和用水变化规律，方便实现水表选型应用的动态管理，有效解决"大表小流量""小表大流量"及"从头到尾使用一种水表"等不合理配表问题。如早期用水量少时可用 WS 垂直螺翼式水表，当用水量增加到一定程度可考虑更换成 LXL 型水平螺翼式或 WPD 宽量程水表等。

（3）经济合理原则：水表实际运行时段的平均流量和最大瞬时流量不超过水表的常用流量和过载流量，水表运行时段的最佳流量点应处在分界流量与常用流量之间。如果几种型号水表同时可用，应优先选择综合成本相对较低的型号。科学、经济地进行水表选型，使水表的计量特性误差曲线与用户的用水特性曲线相匹配，以达到优化计量的目的。

（4）计量最佳原则：根据水表流量范围及计量特性，通过合理选择水表类型、口径，最大限度运用水表的高区计量用户用水流量，从而达到准确计量目的。

此外，水表的安装要求应按现行国家标准《饮用冷水水表和热水水表　第 5 部分：安装要求》GB/T 778.5 和《饮用冷水水表标准规程》JJG 162—2019 执行。根据国家计量管理有关规定，应综合考虑水表口径、水表实际用水量大小等多方面因素，制定相应的水表周检及抽检制度，从而提高水表计量的准确度，并进行误差统计，深入分析影响计量精度的因素，更有针对性地采取高效提升在装水表计量精度的措施。同时，也应及时建立水表检修及报废制度，确保在装水表高效运行。

同样，为使流量计管理规范化，各水务公司也应制定相应的管理制度，保障流量计选型、安装、维护和校验顺利进行；为规范公司远传水表管理，应制定远传水表管理办法，以规定远传水表的管理职责、设备选型、安装、应用、维护及周检等过程的管理内容，确保远传水表监测系统正常运行，积极发挥有效作用。

2.2.3　水量统计与误差分析

如前所述，计量误差影响因素除了水表自身误差特性外，还与用户的用水模式相关。在水表口径的选择方面，应根据用户的用水模式而非管道口径选择流量匹配的水表，应使用户的正常流量达到水表的分界流量 Q_2 和常用流量 Q_3 之间，同时也要考虑最小流量 Q_1 和过载流量 Q_4，避免水表长期小流量或超载运行。在分析整体的水表误差时，应考虑水表本身的计量特性设计抽样试验测定误差，结合不同流量点的权重系数，求得整体的水表计

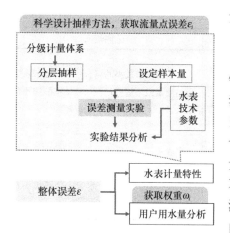

图 2-9 估算水表整体误差的流程

量误差，具体流程如图 2-9 所示。

1. 分层抽样

为准确估算漏失水量，合理评价计量误差是关键。应根据供水系统的计量体系科学设计抽样方法，考虑供水系统的计量体系以及各级水表在不同区域的重要性，采取分层抽样的方式进行水表检定误差测试的样本抽取。具体而言，在供水系统的计量体系的一、二等级中，由于所处地位重要且数量不多，可采取较大比例的便携式水表现场抽样检测；而对于各区域的小表（主要指居民用户水表），由于数量较多，可以适当地采取较小的比例抽样。确定每一层的样本量后，可以采取等距的系统抽样方式，保证抽取的样本在该层中较为均匀分布。

2. 样本量的设定

抽取样本量的设计可采用如下几种常用方法：

（1）计数调整型

对于出厂水表的检验，在水表检验中使用最多的是计数调整型抽样检验，参考《计数抽样检验程序　第 1 部分：按接收质量限（AQL）检索的逐批检验抽样计划》GB/T 2828.1—2012。在国内水表行业中，成品水表示值误差的抽样检验大多采用的抽样计划是接收质量限 AQL 为 2.5%，一般检查水平 II 的正常检验一次抽样方案，根据合格判定数判定抽样样品是否合格。

（2）估计总体均值或总量

由于均值和总量只相差一个常数倍数 N，所以只需对估计总体均值的情形进行讨论，见式（2-26）。

$$n_0 = \left(\frac{u_a S}{d}\right)^2 \tag{2-26}$$

式中　u_a——标准正态分布的双侧分位数，当置信度为 95% 时对应的 $u_a=1.96$；

　　　S——总体标准差；

　　　d——绝对误差限（例如，在给定置信度 $1-a=95\%$ 时，$d=0.05$）。

然后，对 n_0 进行修正，估计样本见式（2-27）。

$$n = \frac{n_0}{1+\dfrac{n_0}{N}} \tag{2-27}$$

式中　N——该层次内总的水表个数，其余参数同式（2-26）的参数含义。

（3）估计总体比例

$$n_0 = \frac{u_a^2 P(1-P)}{\gamma^2} \tag{2-28}$$

式中　P——估计的总体参数时总体比例；

　　　γ——在 P 的比例下最大允许相对误差。

然后，对 n_0 进行修正，估计样本为式（2-29）。

$$n = \frac{n_0}{1 + \dfrac{n_0 - 1}{N}} \tag{2-29}$$

在利用上式确定样本量时，必须对总体比例 P 的值作预估计，一般可以根据历史经验数据或通过预调研获得。

3. 整体误差分析

进行供水区域水表的整体计量误差分析时，应综合考虑针对水表和用户用水量的计量特性，进行区域水表的整体误差计算。其中，水表的计量特性包括其固有属性和使用属性：根据《饮用冷水水表检定规程》JJG 162—2019，水表示值误差应在 Q_1、Q_2、Q_3 三个流量点进行检定，有条件的水务公司可在 $Q_2 \sim 1.1Q_2$、$0.33(Q_2 + Q_3) \sim 0.37(Q_2 + Q_3)$、$0.67(Q_2 + Q_3) \sim 0.73(Q_2 + Q_3)$ 之间增加实验点[16]。

而用户用水量的特性方面，城镇的用水性质可分为生活、事业、商业、工业、特种行业等不同类型。对于生活用水，尽管同一类型不同用户的用水变化规律略有差异，但直接分析居民用户小表的 15min 乃至日结数据变化并不明显，意义不大，故可直接认为该区域内同一时刻下的用水模式相同；不同时间段用水模式相差更大，所以直接分析考核表的水量数据。对于事业、商业、工业的用水类型，其瞬时用水量较大，但瞬时用水量数据未必持续 15min，应加强实时远传流量数据收集。具体而言，可根据其本身用水模式规律，获取时间间隔越短越好。

在实际的用水中，不同流量点的用水比例是有差异的，需要使用该流量点下的权重对整体误差作线性回归，整体误差 ε 见式（2-30）。

$$\varepsilon = \sum_{i=1}^{n} \omega_i \varepsilon_i \tag{2-30}$$

式中　ω_i ——用水量权重；

　　　ε_i ——流量点误差。

2.2.4　水表抽样的设计方案及误差分析实例

1. 分层抽样与样本量确定

H 市 W 区域共有水表 266828 只，根据式（2-28）和式（2-29）来估计总体比例，当使用简单随机抽样，总体在 $P = 0.5$ 且以误差界限为 0.05，置信度为 95% 的标准估计 P 所需的样本容量 $n = 384$ 个，抽样比为 1.44‰。

与此同时，在国内水表行业中，成品水表示值误差的抽样检验大多采用：接收质量限 AQL 为 2.5%，一般检查水平 Ⅱ 的正常检验一次抽样方案。W 区域共有水表 266828 只，查表得样本量字码为 P，对应的样本量为 $n = 500$，抽样比为 1.87‰。

所以在实际的抽样中，水务公司可根据实际情况，抽取样本区间为 [384，500]。进一步地，水务公司可根据抽样比介于 [1‰，2‰]，在三级分区采用 1‰ 的比例抽样，在一、二级分区采用 2‰ 的比例抽样。

本实验于 2018 年 12 月进行，实验环境温度为 11℃，介质水温为 9℃，相对湿度为 62%，共抽样了 466 个水表，见表 2-30。

H 市 W 区域抽样情况 表 2-30

表龄（a） 口径（mm）	1	2	3	4	5	6	7	8	9	10
15	1	1	2	2	3	1	0	0	0	0
20	11	19	185	19	75	47	1	1	1	1
25	5	0	5	4	3	2	0	0	0	0
40	7	7	13	14	0	0	0	0	0	0
50	3	6	0	0	0	0	0	0	0	0
80	5	2	0	0	0	0	0	0	0	0
100	8	6	0	0	0	0	0	0	0	0
150	4	1	0	0	0	0	0	0	0	0
200	1	0	0	0	0	0	0	0	0	0
总计	45	42	205	39	81	50	1	1	1	1
总和	466									

根据《饮用冷水水表检定规程》JJG 162—2019，水表 DN20、DN25 的换表周期 $T \leqslant 6$；水表 DN40、DN50 的换表周期 $T \leqslant 4$；水表 DN80、DN100 的换表周期 $T \leqslant 2$；水表 DN150、DN200 的换表周期 $T \leqslant 1$。但实际情况中，有部分水表达到更换年限却仍在使用，也纳入抽样范围内。

2. 实验测定水表的流量点计量误差

（1）水表的技术参数

小口径水表是指公称口径 40mm 及其以下的水表，本批实验型号均为 LXS-E；大口径水表是指公称口径 50mm 及其以上，其型号不尽相同，具体可见表 2-31。

水表的技术参数 表 2-31

口径	型号	最小流量 Q_1	分界流量 Q_2	常用流量 Q_3	过载流量 Q_4
DN15	LXS-E	0.031	0.05	2.5	3.125
DN20		0.05	0.08	4	5
DN25		0.079	0.126	6.3	7.875
DN40		0.2	0.32	16	20
DN50	WS	0.2	1.26	40	50
DN80	WS	0.315	2	63	78.75
	TLU-A	0.4	0.64	160	200
	WPD	0.5	0.8	100	125
DN100	WS	0.5	3.15	100	125
	TLU-A	0.625	1	250	312.5
	WPD	0.8	1.28	160	200
DN150	WS	1.25	7.875	250	312.5
	WSD	1	1.6	250	312.5
DN200	TLU-A	2.5	4	1000	1250

（2）示值误差的测量

本实验中，大口径冷水水表的检定装置为容积法（通过记录转子流量计的前后读数和水表该时段内的累计流量读数差，确定被测水表的示值误差），小口径冷水水表的检定装置为质量法（用称重的方法测定水的质量，再把质量换算成体积和水表的累计读数差）。读数方式采取脉冲信号采集，电脑系统自动计算（见图 2-10）。

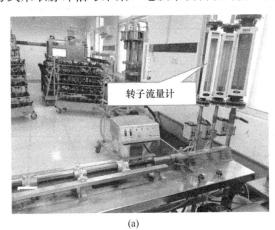

转子流量计

(a)　　　　　　　　　　(b)

图 2-10　水表检定装置
（a）体积法测量水表示值误差；（b）质量法的脉冲传感器

（3）实验结果

对于小口径水表，以表龄、口径为属性特征作分层抽样，将属性相同的水表合并，以平均示值误差表示其在不同流量点下的误差，具体结果可见表 2-32、图 2-11。结果显示，虽然表 2-32 的平均误差绝对值均小于 2%，完全符合国家计量检定规程，但是从图 2-11 的 430 个数据的箱型图看，也有部分数据在国家计量检定规程的标准线以外，而且个别水表的正负误差非常大。但由于有部分水表是正误差，部分水表为负误差，综合下来整体误差均在合理范围。

小口径水表的平均示值误差　　　　　　　　　　　　　　　　　表 2-32

口径	表龄 (a)	个数 (个)	平均示值误差（%）		
			Q_1	Q_2	Q_3
DN15	1	1	3.80	1.10	2.30
	2	1	4.50	2.30	3.50
	3	2	2.90	0.50	2.40
	4	2	5.45	1.30	2.25
	5	3	4.27	3.13	3.20
	6	1	1.90	1.20	−1.60
DN20	1	11	1.08	0.67	1.03
	2	19	0.91	0.89	0.87
	3	185	0.00	0.62	0.66
	4	19	2.05	2.40	1.53

续表

口径	表龄 (a)	个数 (个)	平均示值误差（%）		
			Q_1	Q_2	Q_3
DN20	5	75	3.12	2.89	2.06
	6	47	1.59	1.35	1.48
	7	1	−43.20	0.60	2.50
	8	1	−1.50	0.00	2.10
	9	1	−1.70	−0.40	1.80
	10	1	−1.20	9.60	−0.50
DN25	1	5	−1.16	−0.10	−1.04
	3	5	4.28	2.26	2.34
	4	4	−0.63	1.40	0.98
	5	3	0.83	1.77	3.00
	6	2	0.25	0.75	1.60
DN40	1	7	−4.21	−0.73	−0.64
	2	7	−2.81	−0.21	−1.27
	3	13	−4.14	−0.28	0.07
	4	14	−3.22	−0.74	−0.39
平均值			0.55	1.15	1.02

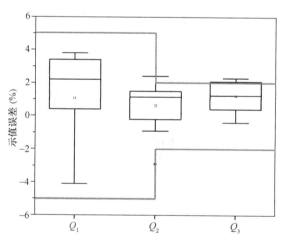

图 2-11　小口径水表的示值误差箱型图

对于大口径水表，以管径、表龄、型号为属性特征作分层抽样，将属性相同的水表合并，以平均示值误差表示其在不同流量点下的误差，具体结果可见表 2-33 和图 2-12。结果显示，虽然表 2-33 的平均误差绝对值均小于 1%，符合国家计量检定规程，但是从图 2-12 的 36 个数据的箱型图看，也有部分数据在国家计量检定规程的标准线以外。此外，对比表 2-32 和表 2-33，可知大口径水表的精密度普遍比小口径要高，大口径水表的最小流量 Q_1 误差范围在 [−13.5%，11.3%]、大口径水表的分界流量 Q_2 误差范围在

$[-2.7\%,9\%]$、常用流量 Q_3 误差范围在 $[-5.2\%，4.5\%]$。

大口径水表的平均示值误差　　表 2-33

口径	型号	表龄（a）	个数（个）	平均示值误差（%）		
				Q_1	Q_2	Q_3
DN50	WS	1	3	−1.17	−1.03	−0.03
		2	6	0.52	1.75	0.75
DN80	WS	1	1	6.00	1.40	2.20
		2	1	9.40	4.80	5.00
	TLU-A	1	4	2.98	1.80	1.53
	WPD	2	1	−2.10	1.10	−0.50
DN100	WS	1	2	−1.40	−0.20	−0.40
		2	5	1.38	−0.80	−0.38
	TLU-A	1	6	1.83	1.48	1.10
	WPD	2	1	2.40	−0.90	0.80
DN150	WS	1	3	−0.77	−0.47	0.03
		2	1	0.80	1.00	1.10
	WSD	1	1	−5.30	−2.30	−1.50
DN200	TLU-A	1	1	−8.60	−1.70	−5.20
平均值				0.75	0.59	0.46

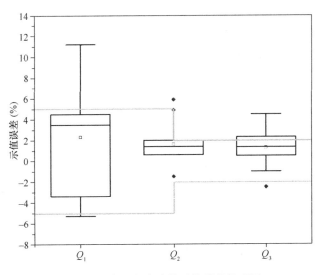

图 2-12　大口径水表的示值误差箱型图

从计量属性看，W 区域基本都是居民用水，无工业、商业等大用户，所以大口径水表都是考核表。在水平横表中的计量误差应以小口径水表的误差为主，即整体水表计量误差特性在最小流量 Q_1 为 0.55%、分界流量 Q_2 为 1.15%、常用流量 Q_3 为 1.02%。

3. 用水量权重 ω_i 的获取

区域整体水表的误差分析可选取典型案例作样本分析：取典型 DMA 小区考核表

$DN200$ 分析其在 9 月 1 日~9 月 30 日的用水模式，如图 2-13 所示，9 月 9 日和 9 月 13 日的用水存在明显的波动，可保留这两天的数值，用于分析用户是否存在最小流量和分界流量区间的极端用水情况。

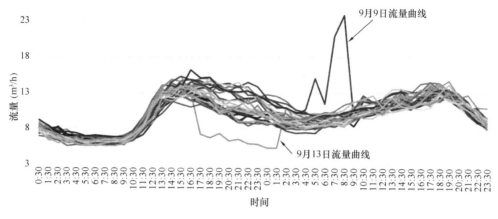

图 2-13　水表在 30d 内的流量体积图

远传水表 15min 采集数据一次，但由于用水具有间断性，不可能连续 15min 都在打开水龙头用水，所以要将图 2-13 的流量体积图转化为图 2-14 的流量速度图，转化依据是高峰用水与低峰用水的时间长短是不一样的。例如，在夜间，根据英国的调研，平均每个小时约有 6% 的人口夜间用水[21]，每次冲厕加洗手的时间约 15s，该考核表关联 533 个户表，所以夜间每 15min 内用水时长估算为 0.5min；在 14：30~18：30，每 15min 内用水时长估算为 10min，18：00~19：00，每 15min 内用水时长估算为 7min。

可以看出，在图 2-14 中，最小值为 13.2m³/h，比表 2-31 中任一型号的分界流量 Q_2 都要大，说明只要用户是正常用水，打开水龙头的出水流量都介于 Q_2 和常用流量 Q_3 之

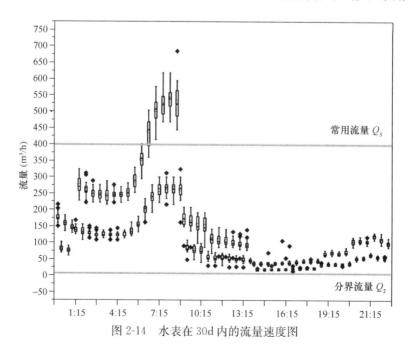

图 2-14　水表在 30d 内的流量速度图

间。设最小流量 Q_1 存在的概率为用户滴水的概率，为 2‰；而流量在常用流量 Q_3 和过载流量之间 Q_4 之间的概率为 $143/2880 \approx 5\%$。

4. 实验水表的整体误差

在本次抽样水表实验中，只做了三个流量点下的误差实验，较难拟合曲线，所以针对权重误差，以区间的上限值或下限值作为该区间的误差进行粗略估算，见表 2-34。

W 城区水表权重误差估计

表 2-34

用水量分布范围（L/h）	居民用水量权重	流量点误差
$0 \sim Q_1$	2‰	0.55%
$Q_1 \sim Q_2$	94.8%	1.15%
$Q_2 \sim Q_3$	5%	1.02%
整体水表权重误差		1.14%

2.3　本　章　小　结

供水管网漏损不仅浪费了宝贵的水资源，给供水企业造成大量经济损失，也对环境产生了负面影响。水量平衡表是认识供水量、用水量和漏损水量的重要工具，引入水量平衡表和水量审计方法对于做好漏损管理的基础数据分析十分重要。本章节通过比较 IWA 与《城镇供水管网漏损控制及评定标准》CJJ 92—2016 修订的水量平衡表，结合 H 市水务公司的实际情况，对于漏失水量的组成提出了各分项的建议计算方法。结合 CJJ 92—2016 的细则和渗漏模型，分别使用点式渗漏模型计算明漏水量、沿线渗漏模型计算暗漏水量和背景漏失水量；对于 CJJ 92—2016 提出的水箱（池）溢流、渗漏水量归为明漏水量和暗漏水量，不再另外定义与计算；通过收集 H 市 W 区域工程实例中的年度营账、违章用水、工程冲洗、水质保障排放等工单记录，进行了横向水平衡的月漏损率、月产销差分析。总体而言，本章在 CJJ 92—2016 的基础上，结合 H 市水务公司日常的管理措施，对漏损水量的分析方法开展研究，提出了适合我国国情的产销差和漏损率的评估体系技术方法。

同时，针对水平衡分析中计量误差分析这一漏损水量计算的关键和难点问题，本章基于权重误差的概念，提出了对水表进行抽样检定，并对区域内整体水量计量误差按照用水权重进行分析的评估方法：根据水表在最小流量、分界流量、常用流量下的误差特性曲线，结合 W 区域用户的用水量模式，评估 W 区域整体的水表计量误差，该方法为进一步分析漏损水量提供了依据，也可为供水计量器具的合理评估与运营管理提供科学指导。

然而，水量平衡表计算不可避免地存在误差，包括：1. 关于区域的用水量，计量水量存在抄表周期、用水周期、财务计费周期的不一致；未计量水量缺乏规范的作业管理，使得注册用户用水量的评估难以确定；2. 关于计量损失水量，目前对单个水表的误差标准有《饮用冷水水表》（JJG 162—2019）指导，但是对于如何评估整体区域的计量误差并没有相应标准；3. 关于漏失水量的评估，只通过横向水平衡计算会有严重的误差传递，而且无法判断漏失原因、进行漏点的定位。

为此可通过相应方法改善水量平衡表的问题：相关的营账、管网、仪表、稽查部门，除了对计费水量加强管理外，还应对免费水量、水表误差、其他损失水量加以重视，使得这部分水量评估在一个合理的范围内（具体评估计算方法见 2.1 节）；水表计量误差的进一步分析评价可采用权重误差的评估方法（见 2.2 节）；采取计量分区措施，分析 DMA 入口的最小夜间流量来测量漏损水量（详见第 3 章）。

第3章　供水管网优化分区技术

2001 年，Farley M 在日内瓦的世界卫生组织会议上给出了区域计量分区的概念：区域计量分区（District Metered Area，简称 DMA 分区），是通过关闭管道上的阀门等方法，将管网分解为若干个具有特定边界，且相对独立的区域，并在每个区域的进水管和出水管上安装流量计，从而实现对各个区域入流量与出流量的监测，有助于及时发现爆管或漏失等问题并加以定位，以便于快速修复，减少损失。区域计量分区方法的提出为供水管网提供了一种主动控漏的手段，由此引发供水行业对供水管网分区管理的研究。

供水管网分区管理即按照一定的原则，将现有的管网系统分为若干个区域，实现分区供水，实施区域管理。借助分区管理技术，可以将规模较大的供水管网划分为若干个规模较小的子管网，分别对每个子管网实行专门管理，降低管理难度，提高管理效率。分区管理对提高供水系统的管理水平和效益，具有举足轻重的作用。

分区管理技术已经得到国际供水行业的普遍重视，近年来，国内供水企业也开始重视这些技术。然而，国内在这方面的研究尚处于起步阶段，在实际工程中，分区方案的制定大多依赖经验，并辅以水力模型分析，没有经过最优化设计，迫切需要相关技术理论的指导。因此，从降低供水管网漏损的实际需求出发，研究与之配套的供水管网优化分区方法，对推动管网漏损控制技术理论的发展，并进一步指导供水企业开展有针对性的运行管理工作，具有明确的理论意义和应用价值。

3.1　供水管网分区理论基础

3.1.1　分　区　模　式

供水行业学者和研究人员对分区方法的研究主要集中在区域分区计量、压力计量和管理计量三种模式上[22,23]。常见的三种分区模式中又以 DMA 分区应用最为广泛。

DMA 分区以准确的管网拓扑结构为基础，通过在主干管安装流量计，将供水管网划分为若干个单独的计量单元，利用区域考核表、支管考核表、单元考核表、用户水表等建立起一个分区分级水量分析体系，结合管网调度实时检测系统（SCADA）、管网地理信息系统（GIS）、营业抄收系统、管网检漏卫星定位系统（GPS）等一系列信息技术管理手段，实时掌握管网水量变化规律与趋势，及时发现管网运行中存在的安全隐患与漏水点，达到提高管网运行安全保障与降低漏损、控制漏损的目的。

压力分区模式的提出是基于供水管网中压力分布对于用水量和损失水量的影响：当压力过大时，供水管网水头损失较大；当压力不足时，会引起水量的不均衡分配，供水管网不能满足用户用水需求。压力分区是以管网漏损随着水压上升而增大的规律为理论基础，依据地形、水压分布等因素，将管网分为若干压力管理区，通过对所有或部分管理区进行压力控制，降低管网的平均压力，实现减少管网漏损的目的。

考虑到供水管网所处的地理位置、管网铺设地段的社会功能、行政边界、供水管网管理人员配置等情况，可以对供水管网采用管理分区方式。管理分区利用城市中已有的明显边界，如河流、道路、行政边界等对管网进行区域划分，从而最大限度地便于管理。

在具体管网分区方案中，通常优先考虑 DMA 分区，综合考虑压力分区，最后综合考虑大的管理分区。因此，国内外对于分区管理技术的研究应用也主要集中在 DMA 分区技术。

3.1.2 管网的图论表示

图论（Graph Theory）是研究图的各种性质及其应用的学科，也是数学的一个分支。1736 年，欧拉（Euler）研究了著名的柯尼斯堡七桥问题，发表了图论的首篇论文。两百年以后，1936 年匈牙利著名图论学家柯尼系（Konig）出版了图论的首部专著《有限图与无限图理论》，总结了图论二百年来的主要成果。此后的几十年，图论经历了一场爆发性的发展，终于成长为数学学科中的一门独立学科。20 世纪 50 年代以来，图论得到进一步发展，并被运用于解决庞大复杂的工程系统和管理问题。目前图论已经广泛应用于物理学、化学、控制论、信息论、科学管理、电子计算机科学等各个领域。图论中的图指的是具体事物和这些事物之间的联系。如果用点表示具体事物，用连线表示两个具体事物之间的联系，那么一个图就是由表示具体事物的点的集合和表示事物之间联系的线的集合所构成的。

城市供水管网系统主要是由埋设在路面下的管道和其各种附属构筑物构成，包括出厂干管、给水干管、给水支管、用户接入管等组成部分，为保证城市管网的供水可靠性，管道连接成环状。用顶点代表供水管网的每一个用水用户（包括常规用水用户、水塔、水池等），用弧（边）代表连接各顶点的管段，从图论的角度看，供水管网就是一个大的、复杂的图模型。这个图模型包含了实际管网的拓扑属性和水力学属性，拓扑属性采用图论结构表达，水力学属性通过图模型中的顶点和边的属性表达。实际应用中，供水管网的图模型可以看成是有向图，其拓扑结构可以用关联矩阵、邻接矩阵和回路矩阵来表示。

1. 关联矩阵（Incidence Matrix）

关联矩阵是表征图中各顶点之间关联的矩阵。在有向图 D 中，设 D 有 n 个顶点、m 条弧，且 D 无自环，令：

$$a_{ij} = \begin{cases} 1, & \text{当弧 } j \text{ 以顶点 } i \text{ 为始点;} \\ -1, & \text{当弧 } j \text{ 以顶点 } i \text{ 为终点;} \\ 0, & \text{当弧 } j \text{ 与顶点 } i \text{ 不关联。} \end{cases} \tag{3-1}$$

则称由元素 a_{ij} 构成的 $n \times m$ 矩阵为 D 的完全关联矩阵，简称关联矩阵。

2. 邻接矩阵（Adjacency Matrix）

在有向图 D 中，设 D 有 n 个顶点且无平行边，令：

$$x_{ij} = \begin{cases} 1, & \text{若有弧从顶点 } i \text{ 指向顶点 } j; \\ -1, & \text{若有弧从顶点 } j \text{ 指向顶点 } i; \\ 0, & \text{若没有连接顶点 } i \text{ 和顶点 } j。 \end{cases} \tag{3-2}$$

则称由元素 x_{ij} 构成的 $n \times m$ 矩阵为 D 的邻接矩阵。

3. 回路矩阵（Loop Matrix）

有向连通图 D 中，设 D 有 L 个环、P 条弧且 D 无自环，令：

$$b_{ij} = \begin{cases} 1, & \text{若管段 } j \text{ 在第 } i \text{ 个环中且管段的流向在该环中为顺时针；} \\ -1, & \text{若管段 } j \text{ 在第 } i \text{ 个环中且管段的流向在该环中为逆时针；} \\ 0, & \text{若管段 } j \text{ 不在第 } i \text{ 个环中。} \end{cases} \quad (3\text{-}3)$$

则称由元素 b_{ij} 构成的 $L \times P$ 矩阵为 D 的回路矩阵。

3.1.3　管网模拟计算基础

水力计算是供水管网研究中的重要一环，是管网建模、优化的基础核心。供水管网水力计算的目的是在已知管网结构和管网中各管段管径的情况下，计算管段流量、节点水头等水力信息，以获得管网运行情况，进一步进行模拟优化等工作。供水管网的水力计算按管网结构的不同，分为树枝状管网的水力计算和环状管网的水力计算两种。考虑到为满足供水安全要求，真实供水管网都是设计成环状管网形式的，以下仅对环状供水管网的水力计算进行讨论。

供水管网水力计算基于质量守恒和能量守恒原理，由此分别得出连续性方程和能量方程。

1. 连续性方程

连续性方程体现在供水管网中，流向任何一节点的流量必然等于流出该节点的流量。即：

$$A q_{ij} + Q_i = 0 \quad (3\text{-}4)$$

式中　A——节点关联矩阵；

q_{ij}——节点 i，j 之间的管道流量，L/s；

Q_i——节点 i 需水量，L/s。

2. 能量方程

能量方程体现在每一环路中各管段水头损失之和必等于零。其中环路最小循环路线唯一确定。即：

$$L h_k = 0 \quad (3\text{-}5)$$

式中　L——回路矩阵；

h_k——第 k 环中管道水头损失，m。

其中，管道水头损失由压降方程计算得到：

$$h_{ij} = S_{ij} q_{ij}^n \quad (i, j = 1, 2, \cdots, p) \quad (3\text{-}6)$$

式中　h_{ij}——管段 i-j 的水头损失，m；

S_{ij}——管段 i-j 摩阻；

q_{ij}——管段 i-j 流量，L/s；

n——取 $1.852 \sim 2$，根据所采用的水头损失计算公式而定。

3.2 现有分区方法与分区原则

3.2.1 现有分区方法概述

关于供水管网的分区方法，目前国际上尚未有统一的定论。实践中大多数分区规划案例都采用经验方法。经验分区方法的过程大致如下：人为划定分区边界，确定区域间连接管段的开闭状态，执行水力模拟检验分区后的管网性能，如果性能不能满足需求则修改连接管段的开闭状态，直至满足需求为止。经验分区方法主观性强，且缺乏理论依据，同一套经验未必能适用于不同的供水管网，阻碍了分区规划的推广。为此，不少学者以传统经验分区方法为基础，着力于用优化算法模拟经验方法的流程，提高分区方案的合理性和制定的效率。主流的分区方法大致可以分为聚类分析、社区发现、路径分析三类。

1. 聚类分析分区方法

聚类分析分区方法的特点在于能够把管网划分成若干个区域内部某些属性比较相近的分区，可以利用这种特点，根据管网的节点或管段的某些属性，对分区的某些目标（如压力相近、地面标高相近等）进行有针对性的优化。同时，一旦算法的参数指定后，能够得到一个确定的聚类结果，从而获得一个固定的分区方案，如果需要获得不同的方案，则要对参数进行调整，如修改聚类考虑的权重。分区需要考虑众多的因素，如果想要在聚类分析中考虑得更为全面，通常需要对各种因素赋予权值进行整合，而目前较少有文献研究这些权值的合理设置。针对聚类分析分区方法的研究现状如下：

Herrera 等人[24]首先根据管网节点水量和管段管径构建亲和矩阵，根据分区过程中所考虑的约束构建相异度矩阵，然后计算这些矩阵的核矩阵，并分别赋予不同权重将其整合为一个核矩阵，最后以该矩阵为输入，利用谱聚类算法将供水管网分成小的分区单元。

Di Nardo 等人[25]应用谱聚类算法对供水管网进行划分，获得分区的边界，随后以最小化管网总节点能量为目标，采用遗传算法求解最佳的边界阀门和流量计安装方案，在研究中分别比较了三种管段权重、两种划分准则的计算结果，发现以管径为权重、采用规范割集准则能获得最好的分区方案。

Sela Perelman 等人[26]以节点需水量为权重，应用自底向上的分层聚类算法挖掘供水管网节点之间的相似性，将节点分成需水量规模合适的几个类，由于聚类过程中不考虑管网拓扑，因此还需要结合连通性检查，修正每一类中的孤立节点的类归属，实现管网分区。

张飞凤[27]以压力分区为目的，考虑节点富裕水头和节点坐标，应用聚类分析将供水管网划分成压力相近的若干分区，经过多方案比较发现采用 Mahalanobis 样品距离的重心法聚类分析能取得较好的结果，随后在各分区入口设置调压阀，采用遗传算法优化阀门开度降低管网漏损。

叶建[28]提出了一套较为系统的供水管网分区评价体系，并针对供水管网的压力控制，提出了一种压力控制分区方法，该方法首先运用自适应 AP 聚类算法并结合评价体系确定最优分区数目，得出管网的初步分区方案，然后结合图论技术确定各个分区的供水入口，运用模拟退火算法优化各分区边界，并依据实际情况和经验对分区进行合并调整，形成最终方案。

2. 社区发现分区方法

社区发现分区方法是针对供水管网实际拓扑结构的分区方法，能够把供水管网划分为内部连接紧密而外部连接稀疏的若干区域，即识别出管网的社区结构，并且，由于管网的拓扑和街区、河流等布局相关联，因此社区发现方法在识别自然边界、道路边界等方面表现出优异的性能，从而获得与经验方法相近的分区结果。此外，当相关参数确定后，社区发现得到的是一个确定的分区结果，要获得不同的候选分区方案，通常需要修改算法的关键参数，如分区数量、模块度阈值等。采用这种分区方法的研究中，大多采用管径作为管段权值而不考虑与水力直接相关的因素，对管网水力性能、检漏效益等的优化大多在社区发现过程结束之后，通过优化边界管段开闭来实现，较少有研究能够在社区发现过程中考虑这些因素。

社区发现算法[29]最早由学者刁克功[30,31]引入到供水管网的优化分区问题中。刁克功认为供水管网的拓扑随着城市的扩展而发展，因此供水管网与城市一样表现出社区结构，提出可以利用社区发现算法识别供水管网的这种特征，实现管网的科学划分，并通过若干案例证明这种分区方法得到的分区方案与经验方法得到的分区方案高度一致。在后续的研究中，刁克功[32,33]以社区发现为核心，开发出更为完善的供水管网双层分解方法。该方法首先采用社区发现算法分析管网的社区结构，然后结合管道脆弱性分析，计算出连接管网各个水源的所有管线路径的重要程度，将重要程度最高的管线作为主干管，实现将管网划分成主干管和若干与主干管相连的分区，划分完成后，由于各分区的独立程度较强，便于分别对各个区域进行优化设计。

此外，Ciaponi 等人[34]提出了一种供水管网分区方法，该方法首先根据管径阈值筛选出干管，然后应用社区发现算法，根据设置的模块度阈值识别出管网中应该构建分区的区域，并对分区的供水入口进行优化，最后通过实际案例验证了这种方法的高效性。

Campbell 等人[35]结合最短路径分析管段在供水过程中的重要性，对管段进行分级，筛选出干管，然后分析管网的社区结构，将管网划分成模块度良好的若干区域，随后通过递归合并过程消除规模偏小的分区，最后，将分区带来的阀门和流量计成本、节水与检漏效益等诸多成本和效益整合为一个经济目标函数，优化分区边界管段的开闭使经济效益最大化。

3. 路径分析分区方法

由于供水管网的用户节点和管段可以被概化为顶点和边，因此图论中的各种路径分析方法十分适合用来对管网进行分析，路径分析方法在供水管网的分区问题中得到广泛的应用。有部分文献应用了图生成方法来对管网进行划分，即选择管网中的某些节点，以这些节点为起点，借助路径分析方法向外扩散生成子图，形成分区方案。由于子图的生成对起点的选择是敏感的，因此可以利用这种机制，选择不同的起点获得多种截然不同的划分方案，这点与上述的聚类分析方法、社区发现方法不同，图生成的分区方法能够获得更丰富的解，表现出极大的灵活性。

2009 年，Awad 等人[36]提出了一种减压阀优化布设方法，这种方法能够同时优化供水管网的分区布局，该方法首先应用深度优先搜索算法[37]生成供水管网的随机树，然后随机挑选一些管段安装调压阀，把随机树分隔成若干束树枝，随后将这几束树枝内部的管段恢复连通，获得若干个由减压阀控制入口压力的分区，采用遗传算法优化减压阀的选址和设置，使分区和减压后的经济效益最大化。这种方法流程简单，为分区方案和压力控制的同步优化提供了一种新思路。

Di Nardo 曾对供水管网的分区问题进行了深入的研究，提出了一系列的分区方法[38]，其中有不少方法结合了图论中的路径分析算法。2013 年，Di Nardo[39] 等人提出一种针对多水源管网的分区方法，该方法以管网水源节点为起点，计算出每个水源的深度优先树，然后根据树的分层结构确定分区的候选边界范围，最后以最小化管网的耗散功率为目标，采用遗传算法优化边界阀门的选址，实现对多水源管网的划分。同年，Di Nardo[40] 等人提出了最短耗散功率路径分区算法，以管网水源节点为起点，以管段耗散功率为权值，应用 Dijkstra 算法[41] 计算每个水源的最短路径树，然后分析得出候选边界范围，最后以最小化节点平均压力为目标，采用遗传算法求解最佳的边界阀门位置，形成多水源管网的划分方案。上述两种方法大致分为三步：计算生成树，确定边界范围，优化阀门位置，主要的区别在于获得生成树的方式不同，前者基于管网的拓扑层次结构，而后者基于管网的水力表现，算例结果表明这些方法得到的分区方案在能量指标和压力指标等方面表现良好，然而，这些方法主要适用于将多水源管网划分成若干单水源或较少水源供水的区域，无法实现单水源管网的进一步细分。在后续的研究中，Di Nardo 等人[42] 提出了一种更为完善的自动分区方法，该方法根据指定的分区数目，结合深度优先搜索算法对管网进行递归二分，然后以最小化边界权重为目标，采用蚂蚁算法[43] 对分区边界进行优化，最后以最小化耗散功率为目标，应用遗传算法优化边界管段的开闭。

Ferrari 等人[44] 提出了一种基于图论的分区方法，该方法首先依据管径从供水管网中筛选出干管，然后根据指定的分区数目，从干管上随机选择一些起点执行广度优先搜索[45]，识别出规模大小在指定范围内的区域，得到分区的边界，将管网划分为干管和若干与之相连的分区，最后执行水力模拟，检查分区方案是否满足节点压力约束。这种方法考虑了分区的规模要求，能确保方案中每一区域与水源节点的相连，并且能够在划分阶段通过随机选择起点的方式得到多种分区布局，形成一系列候选方案供管理者参考；遗憾的是随机搜索过程仅仅用于获得节点压力达标的划分方案，而未能对分区的某些目标进行有针对性的优化。

Hajebi 等人[46,47] 把多目标优化引入到分区问题中，根据分区管理的种种需求和目标，系统地总结出管网分区数学模型的约束条件和各项目标函数，其分区流程大致如下：根据指定的干管阈值和分区数目，结合深度优先搜索算法从供水管网中筛选出干管，然后随机从干管上选择起点，执行并行的广度优先搜索获得管网划分方案，随后执行水力模拟，检查方案是否满足约束并计算各项目标函数，最后从搜索得到的所有可行解中筛选出帕累托前沿。该方法的优势在于，其优化结果不是单一的一个解，而是一系列在不同目标上各有所长的分区方案，管理者可以依据实际需求选择最适合方案。然而，这种方法的搜索过程完全随机，降低了多目标优化的效率。

Francesca 等人[48] 提出了一种多水源管网划分方法，该方法以水源为中心，结合广度优先搜索和 Dijkstra 算法，把多水源管网划分为若干个单水源管网，然后对这些管网进行合并，遍历所有的合并组合，计算每种方案的恢复力弹性指标、熵指标以及压力相关的水力性能指标，分析得出一系列可行的划分方案，最后通过一实例管网验证方法的高效性。然而这种方法应用的前提是管网必须具有多个水源，分区数目最多等于水源数目，无法进一步细分，影响了方法的进一步推广。

学者张楠[49]提出了一种兼顾管理分区和压力分区的分区方法，该方法在人工初步分区的基础上，结合 Dijkstra 算法对分区进行修正，通过改变管段权值的方式获得不同的分区方案，根据管网漏损水平、压力均衡性和分区费用评价方案的优劣。

4. 方法小结

总的来说，分区方法各有各的特点和适用性，但是如何分区尚没有统一的定论，分区方法仍不够成熟。不少分区方法强调管网分区的某个目标，基于单个目标进行优化，这种方法通常解的丰富度较低、普适性较差。也有的方法将分区过程分为若干个阶段，在不同的阶段针对不同的目标进行优化，考虑更为周全。这种方法通常先确定分区边界，然后优化边界管段的开闭。然而，由于分区布局在边界确定时就被固定下来，后续步骤都是对同一分区布局的优化，灵活性有所不足。此外，还有部分学者提出了能够获得若干候选方案的分区方法，方法显得更灵活，但是这种方法通常根据简单的原则决定边界管段的开闭，优化的余地较大。

3.2.2　供水管网分区原则

分区管理应遵循区域计量分区、压力分区和管理分区相结合，力求经济性、效益性最大化的分区思路[50]。

目前，供水行业通行的管网分区原则如下：

（1）按由总到分、由大到小的顺序进行分区，即先分区再分片，先大区域再逐步细化到区域内的小区、厂矿企业等；

（2）尽量利用供水管网内的天然屏障和城市建设中逐渐形成的人为障碍作为分区的主要边界，以减少流量计安装数量并方便施工；尽量减少管网改造情况，从而保证供水管网的完整性和自然边界；

（3）尽量均衡各独立计量区域的供水规模，便于分区后的供水管理和服务；

（4）尽量减少一个分区内的高程变化，尽量减少阀门的使用数量；

（5）将管网中由增压泵站供水的区域划分为独立计量的供水区域，避免增压区域和非增压区域的相互交叉，以便于管理和计量；

（6）对于个别影响分区计量的不必要的小口径环状管网进行截断，减少流量仪的安装数量，同时便于检漏；

（7）分区结果应能保证管网水质安全。

3.2.3　供水管网分区的主要影响因素

1. 供水水源点的数量和位置

管网分区以后，必然面临如何向各分区供水的问题，因此分区应符合各水源点的水量及服务面积，尽量避免长距离供水或高压供水。根据地形差异，对于地势平坦的地区，进水点应设在区块中央；若存在大用户，宜靠近大用户；地形坡度较大时，进水点应设在地形较高处，以减小供水压力[51]。

2. 供水管网高程

一个供水区域内供水管网的高程变化过大会增加实施 DMA 管理的难度和水质水力安全的风险。因此，在划分计量区域时，应考虑供水管网高程分布规律情况进行统筹规划，确保一个独立计量区域内供水管网的高程变化尽量较小。

3. 水质条件

供水管网实施 DMA 分区管理需要关闭计量区域边界上的阀门，这样将会导致管网区域边界处水的流速减慢、水龄增大，管网末梢产生较多的死端，死端的水质由于长期滞留而下降，增大了管网水质安全风险。DMA 中的阀门数量越多，管网水质下降程度就越严重。在实际操作过程中，水质恶化问题通常采用冲洗管道或者定期开启装表处连接管的方法解决。管道冲洗和开启连接管都应在实施 DMA 管理后定期间隔进行，更新管网末梢死水，以保证供水水质的安全可靠。这两种方法都需要大量的人力，而且会浪费一定的水资源，因此在 DMA 设计时应尽量减少边界阀门的数量，并且在 DMA 的调试、运行期间，应及时取样对水质进行分析，为供水企业有效管理管网水质提供参考依据。

4. DMA 的分层和大小

供水管网不可能只由一个庞大复杂的供水区域构成，而应该分成若干层次的分区系统。管网分区前应先确定 DMA 的层次结构，这直接影响后续分区工作的进行。DMA 的分层受当地的地形地貌、供水要求和资金情况等因素影响。我国的给水管网系统应至少采用两层次分区系统，如资金不足可分步实施。

DMA 区域的数目由当地管网规模和 DMA 的大小共同确定。

DMA 区域的大小通常是用区域内所包含的用水用户数来表示，并根据管网实际情况和供水单位的具体运作做调整。根据经验总结，国际上通常以 500～3000 户作为 DMA 设计规模的依据。单个 DMA 的面积取决于管网的实际状况和系统的特征，主要受以下几方面影响：

（1）需要达到的漏损控制经济水平；

（2）地理、人口因素（如工业区、市内、郊区）；

（3）供水企业自身的技术水平和硬件条件（如工作人员的技术水平、供水管道的爆管鉴别、漏损点定位的难易度）；

（4）水力条件（如当前管网阀门关闭后能否维持用户压力服务的最低标准）。

3.3 优化分区技术

3.3.1 方法概述

考虑到不同地区管网分区的具体需求可能有所不同，大多数文献中报道的面向单一目标的管网分区方法未必具有通用性，针对这一点，本章提出了一种多目标优化方法来实现管网分区，采用非支配排序遗传算法（NSGA-Ⅱ）来优化管网的划分过程，从而获得在目标需求上表现良好的一系列分区方案，在此基础上，结合管网所在地区的实际需求进行方案比选。

供水管网分区需要在满足供水可靠性的前提下，兼顾漏损控制、管网水质以及分区改造工程的经济性等，该分区方法旨在对供水管网分区管理所需考虑的各种因素进行梳理，选取当中的关键因素，转化为可量化的目标函数和评价指标，建立供水管网分区问题的数学模型，模型可以表达为寻求将供水管网划分成若干相互隔离的分区下的管网管段状态的最佳组合。

本章提出的分区方法[52]将管网划分为干管和若干连接在干管上的分区，在正常供水的情况下，分区之间的边界管段大多采用关阀的方式截断，只有少数边界管道保持开启，而当管网发生事故时，可以通过开阀恢复管网的连通性，维持管网正常供水，这种分区管理模式如图 3-1 所示。

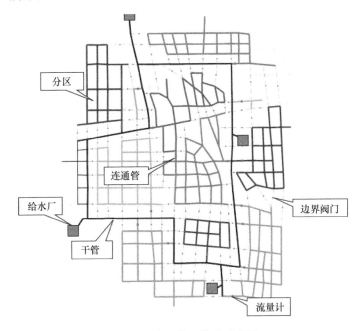

图 3-1　分区管理模式示意图

对于这种分区结构，各分区主要从干管获得水流，分区之间的水力联系较少，在具备流量计量功能的同时，便于在分区入口处设置减压阀进行压力控制。

为了获得这样的分区方案，首先从供水管网中定义干管，随后从干管上挑选出一些支管作为分区的入口，并以这些支管为起点识别出分区的布局，最后对分区之间的连通管的开闭进行优化。多目标供水管网分区方法的流程如图 3-2 所示。

3.3.2　表 达 形 式

供水管网分区本质上是把管网中所有的节点划分成若干组，并决定需要安装的边界阀门和流量计的数量及位置以形成若干组相互隔离的节点群（分区）。可以用管段是处于开启状态（安装流量计）还是关闭状态（安装边界阀门）来表示分区的边界。

设图 $G = (nodes, links)$ 表示一个供水管网，其中顶点集合 $nodes = \langle n_1, n_2, n_3, \cdots, n_N \rangle$，$\forall n \in nodes$，$\text{label}(n) \in \langle 水源, 用户 \rangle$，边集合 $links = \langle l_1, l_2, l_3, \cdots, l_M \rangle$，$\forall l \in links$，$\text{label}(l) \in \langle 管段, 阀门, 泵 \rangle$，其中 $l_j = \langle p, q \rangle$，$p, q \in nodes$，$1 \leqslant j \leqslant M$。

设 $DMAs = \cup_1^k dma_1$ 表示把图 G 划分为若干连通区域，其中 $dma_1 = (nodes_1, links_1)$ 表示

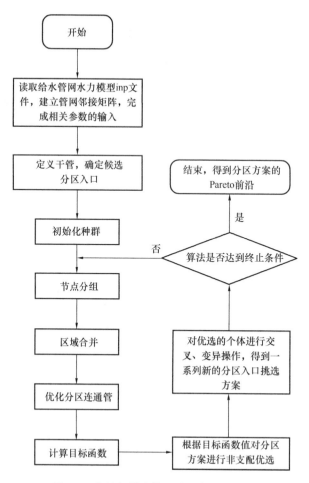

图 3-2　多目标供水管网分区方法流程图

图 G 的一个子图，从图 G 中删除一些边获得子图 dma_I，使得 $\forall I \in \{1,\cdots,k\}$，$nodes_I \subset nodes$，$links_I \subset links$，并且 $\forall I, J \in \{1, \cdots, k\}$，$nodes_I \bigcap nodes_J = \phi$，$links_I \bigcap links_J = \phi$。

管网分区的目标就是在考虑下列目标函数和约束条件的情况下求解图 G 的最佳划分。

1. 目标函数

目标函数的数量不宜过多，否则将影响多目标算法的优化效率，本方法从压力指标、水质指标和经济指标中分别挑选一个较为重要指标作为目标函数，包括：最小化分区后的管网节点平均压力、最小化分区后的节点平均水龄、最小化分区改造费用。

（1）管网节点平均压力

压力评价指标当中，压力均匀性、管网节点的最大压力和最小压力会反映管网各分区压力波动程度，换言之，这几个指标反映了实现分区之后，进一步安装调压阀进行压力管理的可行性以及潜在的降压空间。而管网节点平均压力则反映了分区后管网压力的总体变化情况，并且平均压力越低，意味着管网总体的剩余压力也越低，爆管风险、背景漏损量也越低。

尽管通常希望将分区管理与压力管理相结合，但是管网分区后，是否有必要安装调压阀进行进一步降压，可以在确定分区方案后，再根据实际需求进行评估和探讨，因此选择反映压力总体变化情况的管网节点平均压力作为主要指标更为合适，其他几个指标则作为参考指标。以最小化节点平均压力 P 作为目标函数。假设供水管网共有 N 个节点，取模拟过程中最后 24h 的压力数据计算平均压力 P，如式（3-7）所示：

$$\min P = \frac{\sum_{i=1}^{N} \sum_{t=T-23}^{T} \frac{p_i^t}{24}}{N} \tag{3-7}$$

式中　p_i^t——第 i 个节点在第 t 小时的压力，m；

　　　T——水力模拟时长，h。

（2）节点平均水龄

在水质指标方面，节点平均水龄反映了管网水龄的总体水平，水龄标准偏差反映管网水龄波动程度，间接反映了管网水质的均匀程度，最大节点水龄则反映了管网中的死端或末梢的水龄。

对管网进行分区改造，通常希望能够改善管网水质，而不是让水质更均匀，因此水龄标准偏差不适宜作为优化对象。分区后管网中形成新的死端是难以避免的，并且关闭阀门也会导致最大水龄上升，但是如果分区后管网整体水龄有所改善或影响不大，则可以忽略最大水龄的上升问题。因此，分区方案应更侧重于减小分区对水龄的总体影响，故以最小化节点平均水龄作为目标函数，其他指标作为参考指标。以管网水力模拟过程中最后 24h 的节点平均水龄 WA 来表征管网的水质，WA 按式（3-8）计算：

$$\min WA = \frac{\sum_{i=1}^{N} \sum_{t=T-23}^{T} \frac{wa_i^t}{24}}{N} \tag{3-8}$$

式中　wa_i^t——第 i 个节点在第 t 小时的水龄，h。

（3）管网改造费用

供水管网分区方案应尽量减少流量计和阀门的安装数量，以降低管网改造费用，同时，减少流量计数量意味着减少分区的入口，对于压力管理而言，有利于减少调压阀的数量，减少阀门数量还有利于减少管网的死端。改造费用 C 按式（3-9）计算：

$$\min C = \sum_{n_m=1}^{K_{\text{meter}}} C_{n_m}^{\text{meter}} + \sum_{n_v=1}^{K_{\text{valve}}} C_{n_v}^{\text{valve}} \tag{3-9}$$

式中　$C_{n_m}^{\text{meter}}$——第 n_m 个水表的费用，水表费用与水表的口径规格相关，元；

　　　$C_{n_v}^{\text{valve}}$——第 n_v 个阀门的费用，阀门费用与阀门的口径规格相关，元；

　　　K_{meter}——需要安装流量计的管段总数；

　　　K_{valve}——需要安装阀门的管段总数。

2. 约束条件

一个可行的分区方案应该满足以下三个方面的要求：

（1）分区结构要求

管网分区后，子区域之间必须满足相互隔离的要求，并且每一子区域必须具有连通水源的通路，否则子区域无法供水。子区域内的节点应满足相互连通的要求，即同一区域内不应存在孤立的节点。此外，每一子区域的规模应该控制在合适范围内，不宜过大或过小。

1）分区后管网的连通性约束

分区后，管网中不应存在孤立的节点，即 $\forall u, q \in nodes$，在管网中存在 $u\text{-}q$ 路径。

2）每一分区具有通路直接连通水源约束

对于每一分区，存在路径使得水流能从水源节点输送到分区中。$\forall dma_I \subset DMAs$，$\forall u \in nodes_I$，$\exists s \in$ 水源节点，使得在管网中存在 $s\text{-}u$ 路径，并且对于 $s\text{-}u$ 路径中的任意节点 v，不存在 dma_J 使得 $v \in nodes_J$。

3）分区间相互隔离约束

任意两个分区的节点和管段不存在交集。$\forall I, J \in \{1, \cdots, k\}$，$nodes_I \bigcap nodes_J = \phi$，$links_I \bigcap links_J = \phi$。

4）分区规模约束

$$\min Size \leqslant size(dma_I) \leqslant \max Size \quad I = 1, 2, 3, \cdots, k \tag{3-10}$$

式中　$\min Size$，$\max Size$ ——分区允许的最小规模和最大规模；

　　　　$size(dma_I)$ ——分区 dma_I 的规模。

（2）水力要求

水力方面的要求包括：节点水头大于最小服务水头、节点水量满足用户需求、水池水位等在限定的范围内；并且要求分区后对管网水质（水龄）的影响较小，分区后各区域内的压力均匀性较好，分区后改善管网背景漏损水平等。

1）节点压力约束

$$P_{\min} \leqslant P_i^t \leqslant P_{\max} \quad i = 1, 2, 3, K, N \tag{3-11}$$

式中　$P_{\min}$，$P_{\max}$ ——节点最小压力和最大压力，最小压力通常指服务水头，m；

　　　　P_i^t ——第 t 小时节点 i 的节点压力，m。

2）水池水位约束

模拟过程中，水池水位变化在允许范围内，模拟结束时水池水位不低于模拟开始时的初始水位。

$$TL_i^{\min} \leqslant TL_i^t \leqslant TL_i^{\max} \tag{3-12}$$

$$TL_i^T \geqslant TL_i^0 \tag{3-13}$$

式中　$TL_i^{\min}$，$TL_i^{\max}$ ——水池节点 i 允许的最低水位和最高水位，m；

　　　　TL_i^t ——第 t 小时水池节点 i 的水位，m；

　　　　TL_i^0，TL_i^T ——水池节点 i 模拟开始、结束时的水位，m。

3）水厂供水能力约束

对于多水源管网，管网分区后各个水源的供水量可能会发生变化，水源供水量的变化不应超过水厂的实际供水能力范围。

$$Q_{s\min} \leqslant \sum_{t=T-23}^{T} Q_s^t \leqslant Q_{s\max} \tag{3-14}$$

式中　Q_s^t ——管网分区后第 t 小时内第 s 个水厂的取水量，$\mathrm{m^3/h}$；

　　　　$Q_{s\min}$ ——第 s 个水厂正常运行时的最小日取水量，$\mathrm{m^3}$；

　　　　$Q_{s\max}$ ——第 s 个水厂正常运行时的最大日取水量，$\mathrm{m^3}$。

（3）经济性要求

经济方面的要求通常是指管网分区改造费用、维护费用等应最小化。

在上述三项要求中，分区结构方面的子区域相互隔离要求、子区域必须具有供水入口要求、子区域内节点相互连通要求是分区方案必须满足的要求，而分区规模的合适范围可以结合供水管网当地的实际需求，根据期望的分区数量人为指定或估算，这些要求在算法中可以作为约束条件处理。

水力方面的节点服务水头、水池水位要求等是可以根据相关规范或实际情况指定的，也可以作为约束条件处理。

3.3.3　数据输入及参数设置

从给水管网水力模型的输入文件中读取管网数据，构建管网邻接矩阵 A。假定管网中有 N 个节点，M 根管段，邻接矩阵中的元素按照式（3-15）确定：

$$A_{ij} = \begin{cases} w_l & \text{节点 } i \text{ 与节点 } j \text{ 相连} \\ Inf & \text{节点 } i \text{ 与节点 } j \text{ 不相连} \end{cases} \tag{3-15}$$

上式中，$i = 1, 2, \cdots, N$，$j = 1, 2, \cdots, N$。邻接矩阵中的权值 w_l 的取值将在3.3.6节中讨论。

需要设置的参数包括分区最小规模、最大规模和节点服务水头。关于DMA分区的规模，主要依据经验确定。分区规模大小会受到城市经济发展水平、用户分布及密度、地域差异等因素的影响，因此经验数值未必能直接套用。分区规模的设置会直接影响分区的数目，分区规模越小，则分区数目越多，改造成本越高，对管网压力的影响也越大。此外，分区引入的边界阀门也会对管网压力造成影响。一般来说，分区数目越多，对管网划分越细致，更有利于漏损的检测和定位，但是这样的方案可能会超出水务公司的经济能力，因此可以根据期望的分区数目，估算出分区的最小和最大规模。节点服务水头可以参考相关地方规范进行设置。

3.3.4　定　义　干　管

在实际管网中，干管和分配管的区别是比较模糊的，因为干管也可以承担配水的功能，而分配管也有可能向干管输送流量。在本方法中，干管被认为是与水源点直接相连、负责向管网各个区域输送流量的管线，在后续的划分过程中，干管管段不作为划分的对象，也不允许安装阀门断开。

本方法干管的选取并非是完全自动的过程。可以依据管径来筛选干管，以水源节点为起点，沿水流方向挑选管径大于某一阈值的管段作为干管。因为管段的管径越大，则管段能够输送的流量越大，其作为干管的重要性也越大。对于多水源管网，为了提高供水可靠性，充分发挥多水源的联合调度功能，还可以挑选出一些连接各个水源点、同时管径及流量也较大的通路作为干管。

3.3.5　确定分区候选入口

挑选出干管后，沿着干管找出从干管向其两侧接出的所有支管，每根支管视为一个候选的分区入口，即假设分区都从这些支管中获得水流。

定义这种支管作为入口的一个优点就是实现了在后续的划分过程中，以干管管线为参考线将干管周边的节点分开，得到的分区方案中不存在横跨干管的分区。简而言之，干管管段也是分区边界的一部分。因此，可以利用本方法的这种特点，在分区过程中引入人为经验，干管的挑选不必拘泥于根据管径或多水源连接通路挑选。例如，根据经验人工分区时，通常以河流、行政区划、道路等为边界进行划分，即可以挑选出靠近这些边界并且大致平行铺设的管线作为干管，实现对分区期望边界的预定义，人为干涉分区的总体布局。

完成干管的挑选后，需要识别出管网中的独立区域，即与干管相连且相互之间不相连的区域。这一步可以通过对管网执行广度优先搜索来完成，将管网作为无向图，分别以每一根支管为起点，以挑选好的干管为界限，采用广度优先搜索计算每根支管所能供给的节点。经过这一步操作后，能够获得每根支管所能供给的最大区域范围。如果某根支管所供给的区域规模达不到 $minSize$，可以认为将规模如此小的隔离区域作为计量分区处理是不经济的，因此该支管不作为候选分区入口，其供给的区域视为次要区域，不作为划分的考虑对象。如果某根支管所供给的区域大于或等于 $minSize$，则认为这一区域可能需要进一步细分，将这一区域视为主要区域，通过后续的步骤对其进行划分。

以 Elhay S 等人[53]文献中的某一管网为例，挑选部分管径大于或等于 3000mm 的管线作为干管，如图 3-3 所示，挑选出干管后，供水管网被划分为 5 个主要区域和 3 个次要区域，共包含 34 个候选入口。

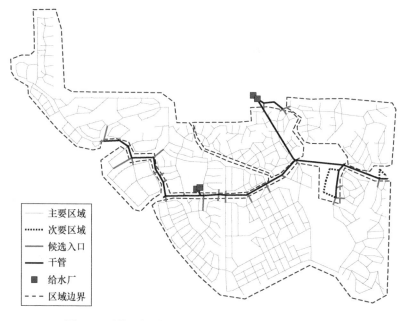

图 3-3　干管、候选入口、主要区域及次要区域示意图

挑选出的干管数量应足够多，从而保证干管上的候选入口数目大于分区最小数目。如果候选入口数不足，则应进一步挑选出更多的干管，可以供给节点数较多的支管为起点，沿水流方向挑选出管径比干管管径阈值稍小的管线作为干管。干管的数量也不宜过多，否则会造成候选入口的数量过多，则变量数增多，增加求解的运算时间；同时，分区所需的流量计或阀门也较多，增大改造费用。

3.3.6　信　息　编　码

完成干管定义和管网分区候选入口确定后，随机生成算法第一代种群 P_0，种群由 N_p 个个体组成，每个个体的染色体包含一种分区入口挑选方案、区域合并过程中的控制等级以及分区之间需要开启的连通管的管径等级信息，这三者均采用二进制编码。

1. 节点分组

分区入口挑选方案可以用一串长度等于候选分区入口数目的二进制数来表达，"1"表示某分区入口被选中，"0"表示某分区入口未被选中。

对于每一个个体，根据被选中的分区入口进行节点分组。假定干管上一共有 K 个候选分区入口，某一个体共有 $K_{\text{selected}}(K_{\text{selected}} \leqslant K)$ 个入口被选中，则供水管网中除干管节点和次要节点外的每个节点 i 都有 K_{selected} 个可能的供水源。对于一个给定的候选分区入口 k 和节点 i，存在有限条连接这两者的路径，在这些路径中，定义路径权重和最小的路径为入口 k 到节点 i 的最短路径，其权重和定义为入口 k 到节点 i 的距离：

$$\text{distance}_{ki} = \sum\nolimits_{l \in \{\text{path}_{ki}\}} w_l \tag{3-16}$$

式中　$\{\text{path}_{ki}\}$——入口 k 到节点 i 的最短路径的管段集合；

w_l——管段 l 的权值。

2. 确定管段权值

为了使管网的划分尽可能合理，需要把每一节点分配给最适的入口进行供水，因此某个节点 i 与某个入口 k 的最短路径应该和两者之间的最优供水路径相近。在管网分区的研究中，有的文献以水头损失作为管段权值，取水头损失和最小的路径为最优供水路径[28]；有的以管段耗散功率（管段流量与水头损失的乘积）为管段权值，认为水流在自然状态下会沿着最小耗散功率路径从水源输送到节点。有学者提出过一种多水源管网的优化设计方法，该方法首先将多水源管网划分为单水源管网，再对每一子管网进行优化，在划分的过程中，以管长为权重，计算每一节点到水源的最短路径，计算水源的总水头和每一节点的最小允许水头的差值，根据该差值与该最短路径的比值的大小来决定节点归属于哪一水源。

考虑到分区前后管网拓扑发生了改变，管段流向、管段流量、管段水头损失可能随之改变，以分区前的水头损失、耗散功率等作为管段权值，未必能很好地和分区后的最优供水路径近似。有学者考虑了管长和水头差，这些参数在管网划分前后并不会改变，但是由于管网的划分并非针对分区管理，而是针对管网优化设计，因此划分阶段没有考虑管径、粗糙度等因素。在本方法中，考虑到管网水力模拟过程中常采用海曾—威廉公式计算管段水头损失，扣除公式中的流量项，得到管段的阻力系数，阻力系数不会随管网水力状态改变而改变，因此以阻力系数作为管段权值，按式（3-17）计算：

$$w_l = 10.67 C_l^{-1.852} d_l^{-4.871} L_l \quad l = 1, 2, \cdots, M \tag{3-17}$$

式中　C_l——管段 l 的海曾—威廉粗糙系数；

d_l——管段 l 的管径，m；

L_l——管段 l 的管长，m。

由上式可知，该权值考虑的因素包括管段粗糙系数、管径以及管长。

在常用的水力模拟模型中，水泵和阀门也是作为管段处理的，并且这两种要素是不存在管段阻力系数的概念的，因此这种管段的权值按照式（3-17）来计算显然是不合适的，应该根据实际情况决定。

对于水泵，假设希望把水泵管段的上下游划分到不同的分区，则设置权值为 Inf，即在计算最短路的过程中认为水泵管段是不连通的，把水泵管段作为安装流量计的分区边界。如果允许水泵的上下游划分到同一区域，考虑到水流经过水泵管段后，能量会增大，因此可视为水流流过后不存在水头损失，故 w_l 可设为 0。对于阀门，如果阀门原本是完全关闭的，则可以设置为 Inf，即不连通；如果不是完全关闭的，由于阀门不存在管段阻力系数的概念，权值可以设置为 0，即仅仅把阀门当作连通的管段处理，而忽略其产生的水头损失。由于本章所选用的计算案例不包含阀门和水泵要素，为使说明尽量简洁，以下按不考虑水泵和阀门的情况来阐述。

本方法的最短路径分析采用 Dijkstra 算法。为了避免得到跨越干管的路径，在执行最短路径计算前先在邻接矩阵 A 中去除干管和干管上接出的支管管段。

对于一个给定的节点 i，计算它到 K_{selected} 个候选分区入口的距离，得到如式（3-18）所示的距离集合：

$$\text{distances}_i = \{\text{distance}_{1i}, \cdots, \text{distance}_{ki}, \cdots, \text{distance}_{K_{\text{selected}}i}\} \tag{3-18}$$

上述距离集合代表了某一节点到 K_{selected} 个候选分区入口的最优供水路径的权重和，但是此处的最优供水路径尚未考虑水源到达每一候选入口的距离，因此还需要对该集合进行修正。

将管网中除去干管管线之外的管段删去，对于每一个被选中的候选入口 k，仍然以阻力系数为权重，计算管网中每一水源节点到达该入口的最短路径，取当中距离最短的路径为水源到达入口 k 的最优路径，设该路径的距离值为 distance_{sk}，路径中的水源 s 为供给该入口的最佳水源。将该距离与入口 k 到达节点 i 的距离相加，得到以水源为起点经入口 k 到达节点 i 的距离总和，如式（3-19）所示：

$$\text{total Distance}_{ki} = \text{distance}_{sk} + \text{distance}_{ki} \tag{3-19}$$

对集合 distances_i 的每一元素进行上述修正后，得到新的距离集合：

$$\text{total Distances}_i = \{\text{totalDistance}_{1i}, \text{totalDistance}_{ki}, \text{totalDistance}_{K_{\text{selected}}i}\} \tag{3-20}$$

根据上述距离集合，取距离最小的入口为节点 i 的供水源，即把节点 i 分配给距离最小的入口。计算每个节点 i 到 K_{selected} 个入口的最短路径，并确定每个节点 i 的供水入口。由于最短路径的最优子结构性质，即最短路径的子路径仍是最短路径，当把某一节点分配给某一入口后，该节点到达该入口的最短路径途中的每一节点，其归属的供水入口也是该入口。由此可见，分配给某一入口的所有节点所形成的区域，必然满足连通性的要求，而不会存在区域内某些节点被孤立的情况。因此，每个供水入口和分配给它的节点可以构成一个单入口的区域，整个管网被划分为干管和 K_{selected} 个区域。如图 3-4 所示（图中未显示区域间的连接管和未选中的入口），随机选择了 18 个候选入口，将管网划分为 18 个区域。

3. 区域合并

经过节点分组后从供水管网中划分出 K_{selected} 个区域，每个区域仅由一个入口供水，此时若把区域之间的连接管都安装边界阀门截断，则每个区域仅需一个流量计即可计量，

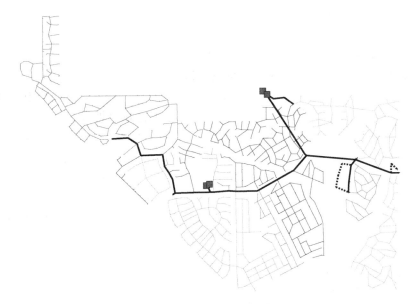

图 3-4　节点分组示意图

并且单入口结构也十分适合作为理想的压力管理分区。然而，在这种情况下，如果 $K_{selected}$ 较大，则划分的分区较多，分区边界也较多，导致需要在管网中截断较多的管段，改造成本较高，并且对压力的影响也较大；如果 $K_{selected}$ 较小，则划分的分区较少，尽管改造成本能有所降低，但是每个入口的供水范围都较大，每个分区的供水压力未必能达标。为了改善上述情况，引入区域合并过程，对规模较小的区域进行合并，在降低改造成本的同时，适当增多部分区域的供水入口，减少出现分区压力偏低的现象。

本方法引入控制等级 controlLevel 这一变量来限制区域合并过程中所能达到的最大规模。由控制等级计算出区域的合并过程中的控制规模 controlSize，controlSize 是一个介于 minSize 和 maxSize 的数值，如果两个区域的规模之和超出 controlSize，则两个区域不合并，反之则合并。假设控制等级是一个三位二进制数，将其转化为十进制数，则控制等级的取值为 0～7，controlSize 按式（3-21）计算：

$$\text{controlSize} = \text{minSize} + (\text{maxSize} - \text{minSize}) \times \frac{\text{controlLevel}}{7} \quad (3\text{-}21)$$

假设合并过程中以 maxSize 为控制规模进行合并，则优化过程倾向于获得规模尽可能接近 maxSize 的分区，减小了对管网进一步细分的可能性，因而引入 controlSize 来优化分区的规模，获得更为多样的分区方案，以 maxSize 作为所能容忍的最大规模。此外，挑选出干管后，供水管网可能会被划分为若干个主要区域，每一主要区域的最佳分区规模可能不同，因此可以针对每一主要区域分配不同的 controlSize。如图 3-4 所示，管网包含 18 个主要区域，则分别设置 18 个 controlLevel 值，对应的染色体编码为 54 位的二进制数。

分析 $K_{selected}$ 个区域的邻接关系，把 $K_{selected}$ 个区域视为 $K_{selected}$ 个大节点，构建区域邻接矩阵 $\boldsymbol{A}_{\text{DMA}}$，区域邻接矩阵中的元素按式（3-22）确定：

$$\boldsymbol{A}_{\text{DMA}_{IJ}} = \begin{cases} 1 & \text{区域 } I \text{ 与区域 } J \text{ 之间有管段相连} \\ 0 & \text{区域 } I \text{ 与区域 } J \text{ 之间无管段相连} \end{cases} \quad (3\text{-}22)$$

上式中，$I = 1, 2, \cdots, K_{\text{selected}}$；

$\qquad J = 1, 2, \cdots, K_{\text{selected}}$。

在后续的区域合并过程中，某一区域只能和与之有边界管段相连的区域合并，因此将根据区域邻接矩阵 A_{DMA} 的信息判断某一区域可以和哪些区域合并。为了获得分区规模较为均衡的分区方案，合并过程总是从规模最小的区域开始。遍历某区域在矩阵 A_{DMA} 中所对应的行的所有元素，找出所有与之有边界管段相连的区域（即等于"1"的元素对应的区域），这些区域即为与该区域合并的候选对象。将这些候选对象根据规模按从小到大的顺序排序，从规模最小的区域开始合并，如果两个区域的规模总和不超过其所属主要区域的 $\text{control}Size$，则合并这两个区域。对 K_{selected} 个区域执行合并操作后，更新 A_{DMA}，不断重复这个过程，直至剩余的所有区域都不能再合并为止，合并过程的流程图如图 3-5 所示。合并结束后得到 K_{final}（$K_{\text{final}} \leqslant K_{\text{selected}}$）个区域，分区布局得以确定。如图 3-6 所示

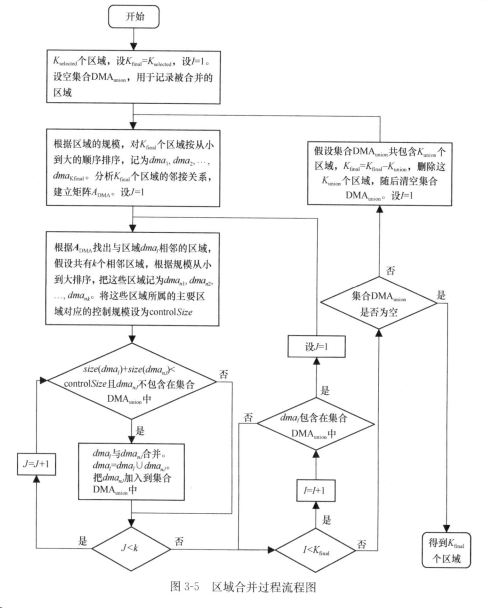

图 3-5　区域合并过程流程图

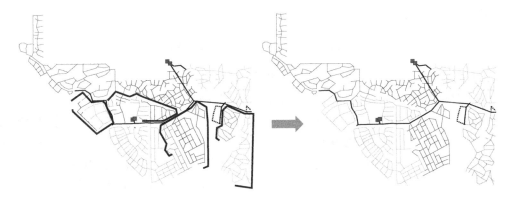

图 3-6　区域合并示意图

（图中未显示边界连接管及未选中的入口），18 个区域经过合并后获得 8 个规模较为均衡的区域。

4. 优化分区连通管

完成合并过程后，得到 K_{final} 个区域，此时分区方案的边界被确定下来，$K_{selected}$ 个被选上的入口是分区的入口，这些管段需要维持开启，$K - K_{selected}$ 个未被选上的入口则是需要关闭的入口，需要把这些管段截断，其余的边界管段为分区之间的连接管段，这些管段的开闭状态还有待优化。

有些分区方法中将分区之间的连接管一律关闭，这种处理方法十分简单，并且与减少分区之间的水力联系的需求相契合，从压力管理、区域隔离的角度考虑是合理的。然而，完全关闭分区之间的连接管，对水力的影响较大，如果管网中的最不利点的压力接近于服务水头，这种方法可能无法获得满足节点压力约束的分区方案。而在其他的多阶段优化的分区方法中，通常以某一指标为目标函数，利用启发式算法优化边界管段的开闭。这样处理能够使得分区后的管网水力状况更优，然而，对于本方法而言，优化分区连通管是 NS-GA-II 主循环的其中一步，在 NSGA-II 中嵌套另一个启发式算法会极大地增加运算时间，并且由于启发式算法引入了随机过程，可能会造成某一个体的目标函数值不唯一。为了避免这种情况，应该将表示连通管状态的信息也包含在染色体中，利用 NSGA-II 的主循环来进行优化。然而，在区域合并步骤结束之前，分区的边界管段是不可知的，针对每一根边界管段进行编码是比较困难的，因此本方法采用一种较为简化的方法来进行优化。

对于供水管网的某一主要区域，假设该区域内包含 DN200、DN300、DN400 三种管径的管段，则将区域内的管段按照管径分为三种等级。假设某一主要区域被划分为若干个分区，则分区之间的每一根连接管都必然属于这三种等级中的一种，因此可以用一个三位二进制数来表示连接管的开闭。假设编码为"010"，则代表连接管中管径为 DN300 的管段维持开启，其余关闭。对供水管网中的每一主要区域的管段按照管径进行分级，设置相应位数的编码来表示每一主要区域中每一等级的连接管的开闭，以此来优化连接管的状态。对于本方法，目标函数中包含最小化平均压力，这通常需要关闭阀门来实现，并且，如果某一连接管维持开启，则需要安装流量计监测其流量，而流量计的费用通常高于阀门的费用，会使得改造费用较高，在经济目标上也不具备优势，因此当算法根据目标函数值对个体进行筛选时，会倾向于筛选连接管关闭得更多的分区方案，这与减少区域间的水力联系的需求是相符合的。

3.3.7 评估分区方案

经过上述步骤后，分区的布局、分区边界管段的开闭状态已经完全确定，接下来须对水力模型进行修改，执行水力模拟，评估分区后的管网性能表现。

假设开启分区连通管后分区的出入口一共有 K_{meter}（$K_{meter} \geq K_{selected}$）个，这些管段需要安装流量计进行监测，在水力模型中设置这些管段的状态为开启，其余的边界管段，包括未被选中的入口和需要关闭的连接管，是需要安装阀门截断的管段，假设一共有 K_{valve} 根，在水力模型中设置这些管段的状态为关闭，实现各个分区相互隔离。水力模型修改完成后，执行延时模拟，计算目标函数，包括节点平均压力、节点平均水龄以及管网改造费用。

3.4 案 例 研 究

3.4.1 算 例 概 况

ZZ 市自来水管网设计日供水能力 107 万 m^3，供水服务面积为 302 km^2，服务人口为 320 万人。2008 年日平均供水量为 65.17 万 m^3，2009 年最高日供水量达到 80 万 m^3。ZZ 市现有 DN100 以上供水管道总长约 2417km，供水管道最大口径为 DN1800。管道主要材质有：球墨铸铁管、钢管、塑料管、水泥管和玻璃钢管等。

ZZ 市供水管网模型原有的节点及管段较多，本章中采用简化的模型，共包含 17828 个节点，其中有 4 个水库节点；18517 根管段，其中有 9 个阀门。模型的节点基本需水量总和为 5485L/s，日供水量为 72 万 m^3/d，其中包含 11 万 m^3/d 的背景漏损量。管网拓扑如图 3-7 所示。

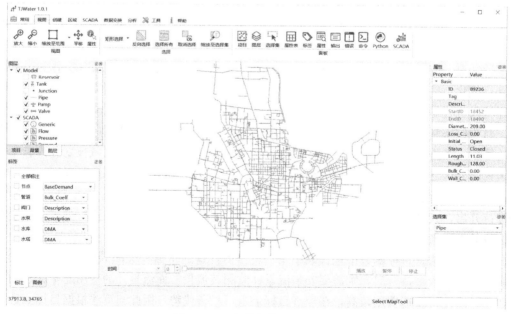

图 3-7 ZZ 市供水管网水力模型

3.4.2　参　数　设　置

从管网中挑选部分管径大于或等于 $DN800$ 的管段作为干管，局部区域考虑以道路为边界，选取与道路平行铺设的管段作为干管，如图 3-8 所示。

图 3-8　ZZ 市管网的干管、主要区域及次要区域

由于缺乏该供水管网的用户数量信息，案例中选择以分区的节点基本需水量总和代表分区的规模，期望划分的最小分区数目为 10，设置分区允许规模的上限 maxSize 为 548.5 L/s，设置分区规模的下限为 maxSize 的十分之一，即 minSize 为 54.9 L/s。

参考最新的规范，设置节点服务水头 p_{min} 为 16m，考虑到我国暂未有相关规定限制管网压力的上限，本研究中暂不考虑节点压力约束的上限 p_{max}。测试过程中发现水力模型原本就存在压力达不到 16m 的节点，对于这些节点，预计分区后其压力也难以达标，因此放宽这些节点的压力约束的下限，约束其压力在分区后不为负压；而分区之前压力大于或等于 16m 的节点，约束其压力在分区后不小于 16m，从而保证分区后压力不达标的节点不增多。

由于 ZZ 市管网中没有水池，因此与水池水位相关的约束也不考虑。对于各个水厂的日供水量约束，考虑到分区后会由于降压而导致总供水量减少，难以预估减少的幅度，不考虑日供水量的下限约束。水厂日供水量的上限应该根据水厂实际供水能力来确定，由于缺乏相关信息，设置为分区前日供水量的 1.1 倍。然而，测试过程中发现难以获得满足约束条件的解，因此放宽到 1.25 倍，即日供水量增多不超过 25%。

管网模型的节点最大水龄为 185h，即延时模拟时长需要设置为近 8d 才能确保节点水龄收敛，然而，测试过程中发现模拟时长过长会产生较大的数据量，容易造成 Matlab 内存溢出，运行崩溃。因此，为了确保优化能够顺利进行，水力模型的延时模拟时间仍设置为 48h，读取后 24h 的节点压力和节点水龄数据，每小时读取一次。计算管网改造成本所采用的流量计和阀门费用见表 3-1。

流量计和阀门参考费用　　　　　　　　表 3-1

规格	流量计费用（元/台）	阀门费用（元/台）	规格	流量计费用（元/台）	阀门费用（元/台）
DN100	14000	3000	DN600	47600	19100
DN150	17800	4500	DN700	53000	27200
DN200	20200	5330	DN800	57900	32100
DN250	22700	5950	DN900	64000	39000
DN300	25100	6650	DN1000	70700	46200
DN400	33200	7220	DN1200	93000	53600
DN450	38100	10100	DN1400	112000	60200
DN500	42800	13000			

案例中采用 Matlab R2015b 自带的多目标遗传算法实现多目标优化，设置个体数为100、代数为 500，其余参数采用默认设置。

3.4.3　计　算　结　果

优化结束后，分区方案的帕累托前沿中共包含 28 个解，为了获得更准确的管网水龄情况，设置模拟时长为 10d，重新计算这些解的水龄，然后将 28 个解按管网改造费用分为 5 组，如图 3-9 所示。

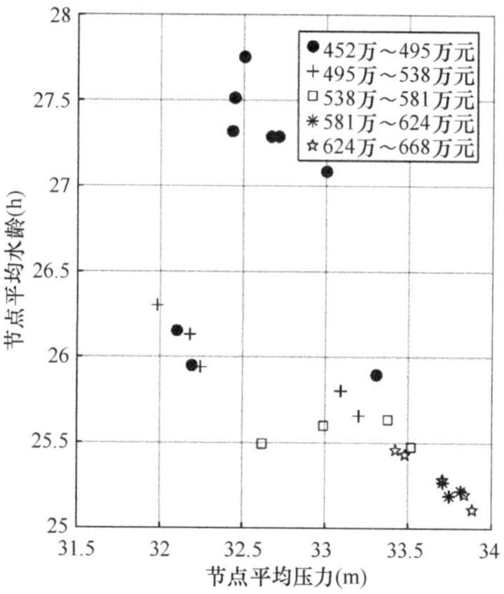

图 3-9　分区方案的帕累托前沿

28 个解的节点平均压力范围为 32.0～33.9m，节点平均水龄为 25.1～27.8h，改造费用为 452 万～667 万元。3 个目标函数表现出来的趋势分布较为分散，但总体而言仍然呈现出改造费用越低，则方案的平均压力越低，同时平均水龄越高的趋势。

28 个解的分区数目为 12～19 个，根据分区数目按从小到大的顺序排序，计算出 28 个解的压力评价指标、水质评价指标、经济评价指标、漏损水平指标，统计流量计数量、阀门数量以及压力低于 16m 的节点（以下简称低压节点）数量，并计算出管网不分区时的上述指标，列于表 3-2 中。

分区前后管网性能表现比较　　　　　　　　表 3-2

解编号	分区数量（个）	平均压力（m）	平均水龄（h）	改造费用（万元）	最大压力（m）	最小压力（m）	压力标准偏差和（m）	最大水龄（h）	水龄标准偏差（h）	日漏损量（万 m³/d）	流量计数量（个）	阀门数量（个）	低压节点数（个）
sol-1	12	33.0	27.1	452	54.6	4.6	39.1	183.0	14.7	10.81	83	109	507
sol-2	12	32.7	27.3	467	54.6	4.5	40.7	186.0	14.7	10.68	89	108	530

续表

解编号	分区数量（个）	平均压力（m）	平均水龄（h）	改造费用（万元）	最大压力（m）	最小压力（m）	压力标准偏差和（m）	最大水龄（h）	水龄标准偏差（h）	日漏损量（万 m³/d）	流量计数量（个）	阀门数量（个）	低压节点数（个）
sol-3	12	32.7	27.3	469	54.6	4.5	40.7	185.9	14.6	10.70	90	107	531
sol-4	12	32.5	27.8	457	54.5	4.1	40.1	186.2	14.5	10.62	88	104	551
sol-5	13	33.9	25.1	568	54.9	4.8	42.2	183.5	14.7	11.21	131	69	450
sol-6	13	32.4	27.3	483	54.1	4.3	41.5	184.2	14.2	10.60	95	102	555
sol-7	13	32.2	26.0	484	59.8	4.3	45.1	183.7	14.3	10.51	96	104	529
sol-8	13	33.3	25.9	492	55.1	5.0	42.0	185.3	14.7	10.95	99	101	442
sol-9	13	32.4	27.5	478	54.1	4.4	40.9	184.0	14.1	10.59	94	103	553
sol-10	14	33.8	25.2	587	54.9	4.8	44.4	184.6	14.7	11.18	141	72	458
sol-11	14	32.2	26.1	537	59.6	4.1	45.4	183.1	14.2	10.54	116	91	550
sol-12	14	32.0	26.3	517	59.6	4.1	45.6	183.5	14.2	10.46	107	101	551
sol-13	14	32.2	25.9	506	59.8	4.3	48.7	183.9	14.3	10.54	106	96	536
sol-14	15	33.4	25.6	573	54.9	4.9	45.5	184.4	14.8	10.97	131	84	471
sol-15	15	33.2	25.7	526	57.1	4.3	45.1	184.0	14.5	10.94	114	89	526
sol-16	15	33.1	25.8	536	55.2	4.7	48.4	183.4	14.6	10.85	118	85	470
sol-17	15	32.1	26.2	493	59.7	4.3	48.7	183.7	14.2	10.49	100	103	539
sol-18	15	33.0	25.6	544	58.0	4.2	45.8	183.7	14.6	10.83	122	81	549
sol-19	16	33.5	25.5	552	54.9	5.2	46.8	184.7	14.9	11.00	125	93	457
sol-20	16	33.7	25.2	623	54.9	4.8	48.0	185.3	14.8	11.14	152	71	454
sol-21	17	33.7	25.3	615	54.9	4.7	47.3	184.9	14.9	11.12	147	81	481
sol-22	17	32.6	25.5	559	59.8	4.3	50.5	183.6	14.4	10.66	121	101	538
sol-23	19	33.9	25.1	667	55.0	4.8	51.6	185.0	14.7	11.20	167	74	450
sol-24	19	33.4	25.5	640	54.9	4.7	52.7	183.7	14.9	10.98	156	83	482
sol-25	19	33.5	25.4	644	54.9	4.8	52.4	183.7	14.9	11.00	157	81	485
sol-26	19	33.9	25.1	668	55.0	4.8	51.5	185.0	14.7	11.20	168	73	450
sol-27	19	33.8	25.2	657	54.9	4.8	54.9	184.7	14.7	11.18	165	74	450
sol-28	19	33.7	25.3	632	54.9	4.7	55.2	185.4	14.9	11.12	154	79	482
不分区	—	34.1	27.9	—	53.2	3.9	—	185.1	14.6	11.34	—	—	578

用压力标准偏差和表征分区后管网的压力均匀性，其计算公式如式（3-23）所示：

$$SD = \frac{\sum_{I=1}^{K_{\text{final}}} \sum_{t=1}^{24} \sqrt{\frac{1}{n_I} \sum_{i=1}^{n_I} (p_i^t - \overline{p_I^t})^2}}{24} \tag{3-23}$$

式中　SD——分区压力标准偏差总和，m；

　　　n_I——第 I 个分区的节点数目；

　　　$\overline{p_I^t}$——第 t 小时第 I 个分区的节点平均压力，m。

由式（3-23）可知，SD 的大小与分区数量有关，分区数目越多，其值越大。因此，该指标主要适用于衡量相同分区数目情况下，不同方案的压力均匀性差异，如果两方案的分区数目不同，比较该值意义不大。

对比分区前后管网性能表现，分区后达到了减小平均压力的效果，但是由于管网分区前就存在压力不达标的节点，降压的幅度较小，因此日漏损量减小的幅度也较小，最多能减少 7.8%。分区后的节点最大压力和最小压力均有一定程度的上升，减少了低压节点的数量，改善了管网的低压情况。在压力均匀性方面，在分区数量相同的情况下，分区之间的压力标准差和变化基本不超过 10%。

分区后，管网节点平均水龄均低于不分区的情况。对于管网节点最大水龄，大多数方案的节点最大水龄得到了优化，优化程度最高者能够减少 2.1 h，但由于节点最大水龄的数值较大，优化的幅度较小。水龄标准偏差可能高于也可能低于不分区的情况，但变化都在 10% 以内。

分区改造费用较高，这是因为 ZZ 市管网比较庞大，分区边界管段多，总体上随分区数目的增多而增大，有部分分区方案由于流量计较多，导致分区数目不多，但是费用却较高。流量计的数量为 83~168 个，平均每个分区的入口数量为 6.7~10.1 个，可见分区的出入口数量多，区域之间的水力联系较强，这是因为分区前 ZZ 市管网的节点最小压力低，限制了管网的降压，只有增加分区的出入口数量，分区方案才能满足压力约束条件。

总的来说，由于低压节点的存在，为了使分区方案满足压力约束条件，管网中安装阀门后，水力状况不允许发生较大的改变，因此分区后，除了改造费用和边界管段数目外，各项压力、水质指标和背景漏损量的变化均较小。

3.4.4　方　案　比　选

供水管网分区需要从多个方面进行考虑，并且不同地区，分区的目的、供水管理的侧重点可能也不一样。例如，有的地区分区的目的是为了计量，则可以根据方案的造价挑选对管网压力和水质影响较小的方案。如果还需通过分区来辅助压力管理，则在评价时还需考虑压力均匀性，或者把压力均匀性也纳入到目标函数中进行优化。因此，提出一套放之四海而皆准的分区方案评价准则是比较困难的，应该根据实际情况和具体需求分析。

一般情况下，评价方案的优劣，首先要看方案的经济性，圈定一个可接受的造价范围，再从这个造价范围的方案中，以平均压力、平均水龄和改造费用为主要考虑指标，其余指标为参考指标，根据具体需求进行筛选。假设分区的目的侧重于计量，则分区方案不需具备较好的减压效果，筛选时应该主要考虑改造费用较低，并且对供水安全性、水龄的影响较小。

ZZ 市分区优化结果中，日漏损量最少的方案为解 sol-12，但该方案并不是改造费用最低的方案，其日漏损量为 10.46 万 m³/d，相比分区前降低了 7.8%。

对于分区数目较少的方案，如解 sol-2，改造费用为 467 万元，相对于解 sol-12（517万元）较低，日漏损量为 10.68 万 m³/d，降幅达到 5.8%，而在压力均匀性方面，相比于其他分区数量相同的方案差别不大，节点平均水龄也有一定程度的减小，因此该方案对水质的影响是比较小的，其布局如图 3-10 所示（图中未显示边界阀门和流量计）。

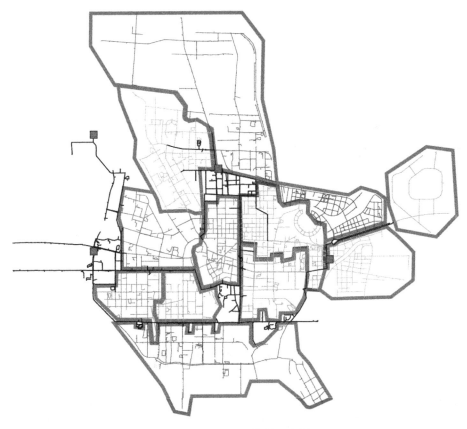

图 3-10 解 sol-2 的分区布局

对于分区数目较多的方案，如解 sol-28，其布局如图 3-11 所示（图中未显示边界阀门和流量计），改造费用为 632 万元，平均压力为 33.7 m，日漏损量为 11.12 万 m³/d，这两者的变化比解 sol-2 更小，平均水龄为 25.3 h，对水质的改善程度比解 sol-2 大。

由于低压节点的影响，不同方案的管网水压、水质指标变化不大，方案之间的差别主要在于改造费用。一般而言，分区数目越多则改造费用越高，管网是否需划分得更细致，主要取决于水务管理单位是否能承受更高的改造费用。本案例中主要考虑方案的经济性，因而选取解 sol-2 作为分区方案。对比图 3-10 和图 3-11，可以看出两个方案的布局具有相似性，如解 sol-28 的 3 号和 5 号分区组成的区域与解 sol-2 的 2 号分区相近，解 sol-28 的 9 号、10 号、11 号分区组成的区域与解 sol-2 的 6 号分区相近。因此，如果将解 sol-2 视为一级分区，则解 sol-28 可以作为在一级分区的基础上进一步划分二级分区的参考。

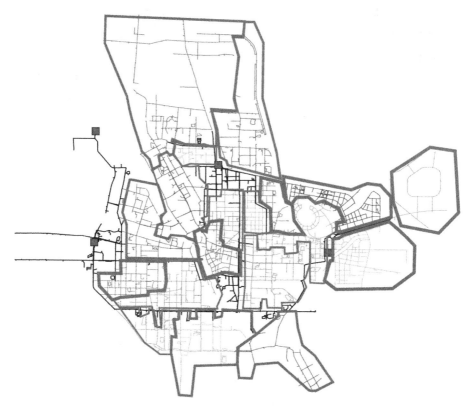

图 3-11　解 sol-28 的分区布局

3.5　本　章　小　结

　　本章详细介绍了供水管网的分区方法,考虑到不同地区管网分区的具体需求有所不同,面向单一目标的管网分区方法未必具有通用性。本章节提出了供水管网多目标分区方法,通过指定分区的允许规模、管网中的干管管段,可以获得一系列在水压、水质和经济目标上各有所长的分区方案,从而允许管理者根据实际需求选取最合适的方案,并将方法应用到 ZZ 市的供水管网模型中。从案例分析可知,由于低压节点的影响,案例中不同分区方案的管网水压、水质指标变化不大,方案之间的差别主要在于改造费用,考虑到方案的经济性,最终的分区方案改造费用为 467 万元,日漏损量为 10.68 万 m³/d,降幅达到 5.8%。

　　该分区方法综合考虑了管网分区的各项因素,允许人为指定期望的分区边界,自动化程度更高,显著提高了分区方案的制定效率。本方法对目标的优化是通过非支配优选实现的,而管网的划分过程和目标无关,因此可以根据具体要求,对目标函数进行修改或更换,以获得更符合实际需求的方案,具有较好的普适性,便于推广。

　　本方法中分区方案中的干管需人为指定,未能实现分区过程完全自动化。尽管如此,本方法的划分过程以干管为边界,从而允许人为设置期望分区边界,为优化过程中融入人的经验提供了途径,当期望的边界(河流、行政区划边界等)附近存在与边界平行铺设的管道时，可以把这样的边界指定出来，使分区的布局更具有可行性。

本方法的节点分组仅仅基于节点到达入口支管的最短路径距离，在分组过程中没有针对分区的边界进行优化，有可能出现把同一个小区划分到不同区域的情况，这样做不符合人工经验分区的习惯，也容易造成边界阀门或流量计较多。此外，水力模型中管网拓扑结构会有一定程度的简化，方案的边界管段数目不一定准确。因此，分区结果应用于工程实践之前，尚需人为调整局部边界，尽管如此，分区结果还是能为管理人员提供可行的分区布局参考。

本方法在节点分组、区域合并的过程中，并没有直接考虑水压、水质目标，对这些目标的优化是通过非支配优选实现的，因此针对个别目标的优化结果可能比不上基于单目标的分区算法或多阶段优化的分区算法。但同样的，单目标或多阶段优化的分区算法在优化某个目标的同时，也可能造成其他评价指标表现不佳。此外，由于分区之间相连的管段通过安装阀门截断，如果干管挑选不合理或数量不足，可能会导致管网的水流通路不足，无法得到满足约束条件的解，对于这种情况，可以通过尝试多种干管挑选方案或放宽约束条件来解决。

第4章　管网漏损区域识别技术

4.1　识别技术应用目的与意义

漏损识别与定位技术通常可以分为硬件检测法和软件分析法两大类。硬件检测法通常检测精度较好，随着各项技术方法的发展，定位也趋于准确，利用相关仪等甚至可以精确定位漏损发生位置；但与此同时，硬件检测法所需要的设备成本以及人力成本往往较高，单次检测范围较小，耗时也较长。与硬件检测法不同，软件分析法则主要利用供水管网水力模型或压力、流量等监测数据，结合人工智能、数据挖掘、深度学习等数据分析方法进行检测，其定位精度明显不及硬件检测法，但软件分析法的优势在于检测范围广、检测及时，耗费的人力成本一般较低。

一方面，目前国内各大城市的漏损控制手段仍以人工巡检与检漏为主，主要利用听音杆进行管网普查与巡检，利用相关仪等硬件设备实现漏损具体定位，耗费较大的人力成本，缺乏系统性的漏损控制方案和软件技术，缺少检漏的明确方向。另一方面，随着科学技术的发展，供水企业逐渐应用了计量分区管网、数据远传等技术，为漏损控制软件技术提供了大量的基础数据。

因此，本书中介绍的管网漏损区域识别技术，耦合供水管网的水力模型和监测数据，结合虚拟分区和管道漏损风险评估两项技术，通过对目标供水管网各区域进行物理漏损量及漏损率评估，确定可疑严重漏损区域，明确供水企业巡检和检漏方向，以便于供水企业利用听音杆、相关仪等设备进一步确定漏点确切位置，实现精准、高效、有针对性的漏损控制，节省检漏时间及人力成本。

本书所提出的管网漏损区域识别技术具有以下几方面意义：

(1) 利用该技术，可以获取目标供水管网各区域的物理漏损量及漏损率，便于供水企业获悉供水管网的漏损情况，进一步明确规划漏损控制工作方向；

(2) 该技术通过缩小可疑严重漏损区域，锁定漏损可能发生的范围，降低传统检漏的盲目性，供水企业在可疑严重漏损区域结合管网巡查和人工检漏，尽可能地找出管网中存在的漏点，大幅度节省检漏时间及人力成本，同时节省城市水资源和企业供水成本；

(3) 该技术具有一定的鲁棒性，可应用于不同规模、不同漏损程度的城市供水管网，为城市供水管网漏损控制工作提供一定的参考价值。

4.2　管道漏损风险评估模型

4.2.1　模型方法介绍

经过几十年的探索，国内外学者在供水管道漏损风险评估上取得的研究成果颇多，建立了种类丰富的管道漏损风险评估模型。这些研究一般基于既有管道漏损维护记录，以管道漏损次数为评价指标，通过回归统计等方法实现多因素分析，从而建立可评估管道漏损风险的数学模型，为供水企业维护、更新、改造管网等相关工作提供技术支持。有学者总结前人的研究成果，将管道漏损风险评估模型分为物理模型和统计模型两大类。但随着人工智能和数据挖掘技术的迅猛发展，不少学者也利用这些方法进行管道漏损的风险评估，形成了基于数据挖掘技术的管道漏损风险评估模型。因此，管道漏损风险评估模型可简单分为物理模型、统计模型和数据挖掘模型三大类。

1. 物理模型

物理模型通过分析管道荷载、管道抗荷载能力和管道内外腐蚀程度等与管道漏损相关的物理要素来建立数学模型，以评估管道漏损风险。然而，由于管道漏损物理机制复杂且诱发因素多，物理模型往往难以涵盖所有因素，应用难度较大。

Rajani 和 Kleiner 将物理模型分为确定性物理模型和概率性物理模型[55,56]，并总结管道漏损的物理机制在于以下几个方面：管道自身的结构特性和材料类型，管道与土壤的相互作用，管道的安装质量；管道外部荷载的大小，管道内部水流的压力；化学、生物和电化学反应对管道内外部材料的腐蚀。

对于确定性物理模型，Doleac 等人[56]针对灰口铸铁管道，利用 Rossum 提出的指数方程建立了平均腐蚀坑深度与管龄之间的关系，以预测该管材管道的剩余管壁厚度。该模型的应用需借助于很多经验参数，但这些参数难以确定，并且该模型仅考虑了管道内部所受的压力，而未考虑管道外部负荷等同样重要的因素。同样针对灰口铸铁管道，Rajani 和 Makar 通过综合考虑管道的残余结构抗力和预测（或实际检测）的管道腐蚀程度，利用反复迭代法获取管道的剩余服务寿命。尽管该模型的准确性较高，但也更加复杂，为确定模型的基本参数，需要管道、土壤、管道安装和运行状况等大量数据，欠缺可操作性和实用性[57]。

概率性物理模型一般通过假设模型中某些变量服从某种随机分布，以克服该变量难以获取或测量等困难。Ahammed 和 Melchers 基于管道—土壤的相互作用，假设模型中的各参数和自变量都符合均值和方差已知的概率分布，进而估计得到钢管的漏损概率[58]。该模型考虑了确定性物理模型忽略的参数不确定性，使结果更为合理，但该模型假设管道腐蚀速率与管龄之间的关系为简单的幂函数，而且不同的参数概率分布会较大地影响模型结果的准确性。Moglia 等人则假设管道剩余屈服强度服从 Weibull 分布，通过蒙特卡罗模拟，利用历史数据完成回归分析，得到了灰口铸铁管道的漏损风险评估模型[59]。

物理模型无疑是管道漏损风险评估模型的最终形式，一个强大的物理模型将全面考虑影响管道漏损的众多因素及这些因素的相互关系，并打破需利用统计数据进行管道漏损模式识别的局限。然而，一个模型的应用需依赖可用的数据，但在供水行业中，很多数据难以获取。因此，物理模型目前还只适用于发生事故时影响较大的重要主干管道，对于较小的配水管，统计模型则更加经济适用[54]。

2. 统计模型

与物理模型相比，统计模型的建立过程相对简单。统计模型一般是在大量管道漏损维护数据的基础上，通过统计分析建立起影响管道漏损的因素（如管道的口径、材料、温度，土壤类型和地面荷载等）与管道漏损风险之间的关系，从而得到管道漏损风险评估模型。Rajani 和 Kleiner 通过梳理学者在统计模型方面开展的工作和取得的成果，将统计模型分为确定性统计模型和概率性统计模型[55]。

确定性统计模型一般在管道分组（如按管龄进行分组）的基础上，通过回归分析建立得到。对于管道年漏损次数与管龄之间的关系，Kettler 和 Goulter 认为呈线性关系[60]，Shamir 和 Howard 则认为呈指数关系[61]。这两个模型的形式简单且易于运用，但却忽略了其他因素对管道漏损的影响，适用性不够强，且需要均匀合理的分组才能得到较好的结果。对此，不少学者通过引入更多的影响因素，对这两个模型进行了完善。比如，对于灰口铸铁管，Walski 和 Pelliccia 还考虑了管径和过去是否发生过漏损这两个因素对漏损风险的影响，但未说明引入这两个因素对模型准确性的提升程度[62]。Clark 等人通过对管道进行两阶段模拟，对线性模型和指数模型作了进一步改进。Clark 等人利用线性模型和指数模型分别预测管道发生第一次漏损的时间和后续将发生的漏损次数，并且给出了线性模型和指数模型的相关系数分别为 0.23 和 0.4，尽管相关系数的数值不高，但这是首次有学者将管道漏损分为两个阶段并分别建立漏损风险评估模型[63]。

对于概率性统计模型，应用最广泛的是比例风险模型。Cox 于 1972 年提出了该模型，由于该模型能很好地确定导致管道漏损的因素和其相对大小对管道漏损的影响，很多学者都采用该模型进行管道的漏损风险评估[64]。Cox 比例风险模型将管道漏损分为管道随时间老化和漏损因素对管道的长期影响这两个独立过程，并假定二者之间为乘法关系。Marks 等人首次将该模型用于管道的漏损风险评估，选取管长的对数、管内压力、土地开发程度、管道铺设时间、管道第二次（或更多次）漏损时的管龄、管道漏损次数和土壤腐蚀等因素作为漏损因素，并利用二次多项式来表达基准风险函数，取得了较好的结果[65]。在此基础上，Andreou 等人将管道老化分为早期漏损和快速漏损两个阶段，并以第三次漏损作为这两个阶段的分界，分别采用 Cox 比例风险模型和泊松分布模型来评估管道在两个阶段中的漏损风险[66,67]。Suwan Park 等人通过考虑漏损因素随时间的变化，引入时间-依赖协变量，也改进了传统的比例风险模型。根据管道漏损维护记录，Suwan Park 等将研究区域内 DN150 的铸铁管按漏损次数分为 7 组，分别建立比例风险模型，经验证，该模型的效果很好[68]。Kimutai 等人研究发现，对不同管材管道分别建立漏损风险评估模型优于用单个模型来评估所有管道的漏损风险。Kimutai 等人将漏损历史数据按管材分为灰口铸铁管、球墨铸铁管和 PVC 管三类，并对这三类管道构建 Cox 比例模型、韦伯比例风险模型和泊松分布模型，通过比较各模型的评估结果，发现 Cox 比例模型和韦伯比例风险模型更适用于金属管道的漏损风险评估，泊松分布模型则适用于 PVC 管的漏损风险评估[69]。Lei 等人通过研究，验证了将管材作为模型分组变量优于作为协变量[70]。与 Suwan Park 等人采用的方法类似，孙莹按历史漏损次数对管道进行分组，并分别建立相应的生存函数模型，进而求得管道的经济更换时间，得到了较好的结果[71]。

统计模型在实际管道漏损数据的基础上建立得到，其可操作性强于物理模型，是目前管道漏损风险评估领域的主流方法。国内供水企业近几年来逐渐开始收集、整理并实现管道漏损数据信息化，为统计模型的建立打下了一定的数据基础。

3. 数据挖掘模型

随着数据挖掘技术的迅速发展，不少学者将其用于管道漏损风险评估。该模型同样需要大量的管道漏损历史数据，不同之处在于，在此类模型中，漏损因素与管道漏损风险之间的关系是采用数据挖掘技术，而非统计学方法得以确定的。

人工神经网络模型是目前的研究热点，非线性、适用性强和自我学习是其主要特点，在训练样本数据足够多时，可得出很好的管道漏损风险评估结果。例如，基于管道漏损历史数据，Achim、Ahmad 和 Shirzad 等人均通过建立神经网络模型，实现了对管道漏损风险的评估。通过将评估结果与 STPM 统计模型、STEM 统计模型、支持向量机回归模型和多变量线性回归模型得到的评估结果进行比较，发现由人工神经网络模型得到的评估结果准确性更高[73,74]。Richard Harvey 等人将研究区域内的管道漏损历史数据按管材分类，针对各类管材管道分别建立神经网络模型，进行管道漏损的生存时间预测，模型的相关系数为 0.70～0.82，效果较理想[75]。尽管上述人工神经网络模型的评估结果准确性都比较理想，但神经网络的训练需要大量管道漏损历史数据，而且仅由数据驱动得到的结果可能会与实际情况背道而驰。比如，Shirzad 等人通过研究发现，使用神经网络评估得到的管道漏损风险，会随着管内压力、管道口径的增大和管龄的减小而增大，这与实际观测到的现象不吻合[72]。

此外，针对管道漏损历史数据不完整和模型选择将产生不确定性的普遍情况，不少学者在构建管道漏损风险评估模型时引入了贝叶斯理论。Kabir 等人以贝叶斯置信网络作为媒介进行数据融合，综合分别使用土壤腐蚀指数和土壤电阻率作为模型参数评估得到的结果，以得到最终的管道漏损风险水平[76]。根据实际情况，Kabir 等人分别采用贝叶斯线性回归和贝叶斯模型平均算法构建管道漏损风险评估模型，并与传统的多元线性回归分析方法进行比较，发现在考虑参数和模型选择的不确定时，由贝叶斯方法得到的评估结果更好[77,78]。同样基于贝叶斯理论，王晨婉和殷殷根据前人的研究成果给出各评估指标的先验权重作为先验分布，而后结合实际运行中管道数据，建立得到管道漏损风险评估体系[79,80]。

4.2.2　Cox 比例风险模型构建

物理模型一般是基于管道腐蚀等物理机制建立，它比较复杂且应用难度较大；统计模型和数据挖掘模型都需要大量的管道漏损历史记录作为数据支撑，其中，统计模型的建模过程相对简单，且具有较强的可操作性，是目前的主流方式。结合各方法的特点及应用现状，选择采用 Cox 比例风险模型来建立管道漏损风险评估模型。

1. 基本表达式

Cox 比例风险模型的数学表达式见式（4-1）。由该式可以看出，Cox 比例风险模型将瞬时风险函数 $h(t, Z)$ 表达为两个部分，一是以时间为自变量的基准风险函数 $h_0(t)$，表示观测对象的瞬时风险随时间的变化过程；二是其他风险因素对结果的影响，用强度相关条件（即协方差函数）$e^{\beta^T Z}$ 表示。观测对象在某时刻的风险值是该时刻时间相关条件与强度相关条件的乘积。

$$h(t, Z) = h_0(t)e^{\beta^T Z} \tag{4-1}$$

相比于其他模型，Cox 比例风险模型的优势在于基准风险函数 $h_0(t)$ 的形式并不固定，可根据研究领域的不同采用相应的函数分布，能更好地适应复杂多变的实际问题。

2. 比例风险假设

由式（4-2）可计算得到两个观测对象 Z_1 和 Z_2 的风险比 RR。由该式可知任意两个观

测对象的 RR 与时间无关。因此，Cox 比例风险假设指对于任意两个观测对象的风险比在任何时刻均为常数[81]。

$$RR = \frac{h_2(t)}{h_1(t)} = \frac{h_0(t)\exp(\beta^{\mathrm{T}} Z_2)}{h_0(t)\exp(\beta^{\mathrm{T}} Z_1)} = \exp\left[\beta^T (Z_2 - Z_1)\right] \tag{4-2}$$

比例风险假设是 Cox 回归模型得以应用的前提条件，如果不满足这一假设，则需要对模型进行修正。因此，在初步得到变量参数后，要对比例风险假设进行检验，主要的检验方法见表 4-1。

比例风险假设的检验方法[82]　　　　　　　　　　　　　　　表 4-1

方法	优点	缺点
Cox & K-M 比较法	直观清晰，计算简便	难以判断曲线间的差异是由抽样误差引起的，还是真实趋势；分析定量数据时需对协变量进行分割
累积风险函数法	直观清晰，计算简便	当数据不满足 pH 假定时，无法对模型的修正提供建议；分析定量数据时需对协变量进行分割
Schoenfeld 残差图法	提供协变量的时间依赖信息，有助于模型的修正；不需分割协变量，且计算简便	散点的趋势较难评价
时协变量法	结果明确，易解读；配合 LHRF 图，可得出风险比函数的非参数估计；不需分割时间	依赖于时间函数的选择；且受样本量大小的影响
线性相关检验法	结果明确，易解读；适用于多种与时间变量无关的残差，且不需分割时间	受样本量大小的影响
加权残差 Score 法	结果明确，易解读；且不需分割时间	计算相对复杂，依赖于时间函数的选择，受样本量大小的影响
Omnibus 检验法	结果明确，易解读	需对时间进行分割，且分割点的选择会影响结果；受样本量大小的影响；检验效能略低

3. 参数估计

采用极大似然法可实现对 Cox 比例风险模型的参数估计，但在使用比例风险函数时，由于基准风险函数尚且未知，故不能将其包含在极大似然函数中。对此，Cox 采用部分似然函数来估计协变量参数，使用部分似然函数和完全似然函数得到的参数估计结果的分布性质相同[64]。

假设共有 n 条生存数据，每条数据均包含 t_i、Z_i 和 δ_i 三个变量。其中，t_i 表示从某起点时间开始到观测对象出现特定终点事件所经历的时间，即生存时间；Z_i 表示观测对象相应协变量的取值；δ_i 表示数据类型，$\delta_i=1$ 表示完全数据，即观测对象在给定的观测时间内，出现了终点事件，且从事件开始到终止的时间均被观测记录到了，此时记录的时间是完整的，该时间能准确地度量观测对象的实际生存时间，$\delta_i=0$ 表示删失数据，即非完全数据。将生存时间按从小到大的顺序进行排列，则部分似然函数被表达见式（4-3）。

$$L(\beta^{\mathrm{T}}) = \prod_{i=1}^{n} \left[\frac{e^{\bar{\beta}^{\cdot}Z_i}}{\sum_{j \in R(t_i)} e^{\beta^{\mathrm{T}}Z_j}} \right]^{\delta_i} \tag{4-3}$$

式中　β^{T}——协变量相应的系数；

$R(t_i)$——所有在时刻 t_i 仍没有失效的观测对象的集合。

从式（4-3）可看出，Cox 比例风险模型参数估计是在将生存数据按照生存时间从小到大的顺序进行排列后，利用协变量在事件发生时的取值实现对协变量的参数估计。尽管部分似然估计并未使用生存时间本身，但生存数据中记录的生存时间的精确性仍然会较大地影响参数估计的结果，当记录的生存时间出现严重错误时，甚至会使得到的结果与公认的物理规律完全相反。

4.3　管网漏损区域识别技术

4.3.1　技　术　原　理

供水管网水力模型是用以反映城市供水管网真实运行情况的形式之一，实际监测数据与模型模拟数据的差异则是反映水力模型可靠性的依据之一。

供水管网中往往存在不同程度的漏损问题，导致城市净水厂实际供水量的增加。在建立高精度的城市供水管网水力模型时，不仅要考虑各用户节点的用水量计量数据，同时也会将管网漏损水量纳入城市管网的供水量，即把漏损水量也作为节点用水量分配到各节点中。因此，在供水管网水力模型中，在任一时刻 t，水力模型中的节点 i 的实际用水量 $q_i(t)$ 通常包含：节点的真实需水量 $d_i(t)$、分配到节点的漏损量 $l_i(t)$，如式（4-4）所示。

$$q_i(t) = d_i(t) + l_i(t) \tag{4-4}$$

式中　i——节点 i；

t——时刻 t；

$q_i(t)$——水力模型中，在 t 时刻在节点 i 处所分配的节点用水量，L/s；

$d_i(t)$——节点 i 在 t 时刻的真实需水量，L/s；

$l_i(t)$——节点 i 在 t 时刻所分配的漏损量，L/s。

根据住房和城乡建设部于 2016 年发布的《城镇供水管网漏损控制及评定标准》CJJ 92—2016 中表 4-2.1，管网漏损水量包括漏失水量、计量损失水量和其他损失水量。其中，计量损失水量和其他损失水量是指由于计量误差、偷盗等原因造成的漏损水量，一般也称为表观漏损量，而漏失水量通常是指由于输配水管网的破损、爆裂而导致的渗漏、爆管水量、管道附件连接处的流失水量以及城市蓄水设施的溢流水量，因此漏失水量一般也称为物理漏损量、真实漏损量。

一般而言，城市供水管网物理漏损量受供水压力、流量等多方面影响，单纯依据沿线分配的方法将漏损量分配到水力模型中的各个节点不能完全反映管网的实际供水情况。

当供水管网出现漏损时，供水管网的测压点处可能会由于漏损水量的增加而引起压力变化，导致测压点的实际监测值与水力模型的模拟值出现偏差。因此，实际供水管网也可以看作是无物理漏损量的基础供水管网与具有一定空间分布的物理漏损量的叠加。

本书所提出的供水管网漏损区域识别技术，其核心在于在基础水力模型的基础上，通过叠加服从一定空间分布的物理漏损量的形式来模拟真实供水情况，以最小化测压点 i 处实际监测数据 P_r 与施加一定漏损量的水力模型的模拟数据 P_m 的差异为目标，通过优化算法优化漏损的空间分布，识别供水管网各区域的物理漏损情况。

$$\min F(L) = \sum_t \sum_i f(P_{m,i}(t, L) - P_{r,i}(t)) \tag{4-5}$$

式中　　L——具有一定空间分布的物理漏损量，m^3；

$P_{m,i}(t, L)$——在物理漏损量 L 的影响下，测压点 i 在 t 时刻的水力模型模拟压力值，m；

$P_{r,i}(t)$——测压点 i 在 t 时刻的实际监测压力值，m；

f——测压点 i 处模拟压力值与实际监测压力值的差异的表现形式，如绝对值、平方和等，m；

$F(L)$——在物理漏损量 L 的影响下，供水管网各测压点在各时刻的实际监测压力值与模型模拟压力值的差异的绝对值之和，m。

一系列研究表明，漏失量与漏失节点处的压力呈指数关系，即：

$$Q_i(t) = \alpha_i [H_i(t)]^\beta \tag{4-6}$$

式中　　α_i——漏失系数，与漏失节点 i 有关；

β——漏失指数，与供水管网的实际情况有关，通常取 1.18；

$H_i(t)$——漏失节点 i 处在 t 时刻的压力值，m；

$Q_i(t)$——漏失节点 i 处在 t 时刻的漏失量，L/s。

本技术将节点漏失水量作为管网的物理漏损量来考虑，在水力模型中以喷射流量的形式来体现。

然而，对于管网任一节点，其漏失系数各不相同，当某一节点出现漏损时，其漏失系数相较其他无漏损节点势必大得多。一般而言，供水管网中的节点数目比供水管网中的测压点数目多很多，如果直接对各节点的漏失系数进行求解，则需要求解超定方程组，面对实际管网时，其计算时间和计算难度将大大增加。

本技术采用虚拟分区的概念，通过对节点进行分组，形成若干个虚拟分区，以节点漏损风险系数和虚拟分区物理漏损背景系数的乘积作为节点的漏失系数，如式（4-7）所示。

$$\alpha = x \cdot R \tag{4-7}$$

式中　　α——节点的漏失系数；

x——虚拟分区物理漏损背景系数，只与节点所在的虚拟分区有关；

R——节点的漏损风险系数，只与节点有关。

虚拟分区物理漏损背景系数，不具备实际物理意义，只与节点所在的虚拟分区有关，体现的是该虚拟分区的整体漏损情况，也是优化漏损水量空间分布的决策变量，是用来计算和评估供水管网各区域的漏损量的关键要素之一。

节点的漏损风险系数，是由供水管网各节点的特性，包括节点的需水量以及相连管段情况如管材、管龄等决定的，这既体现了节点的漏损情况，又体现了同一虚拟分区内不同节点的差异性。

4.3.2　参数设置与预处理

该技术需要输入的参数包括水力模型模拟时长、模拟时长内供水管网的物理漏损量总量、物理漏损量误差绝对百分比、节点漏损风险系数、测压点所在节点位置、测压点自由水头实际监测值以及边界节点的所在位置。

1. 水力模拟时长

由于假设各时刻节点漏失系数不发生改变，因此本技术可应用于静态水力模型，亦可应用于具有延时模拟的水力模型。但是，为了避免某一时刻测压点的压力实际监测值发生较大偏差，导致模拟结果误差较大，建议采用具有延时模拟的水力模型。

当水力模型的模拟时长过短时，识别结果受监测数据的随机误差影响可能较大；而当水力模型的模拟时长过长时，优化过程每次计算目标函数时水力运行时间和计算量也将增加，导致识别效率有所下降。因此建议采用 24h（水力模拟步长为 1h）作为水力模型的延时模拟时长。

2. 模拟时段内物理漏损量总量

模拟时段内物理漏损量总量是物理漏损量总量约束的关键参数之一，供水管网的物理漏损量一般可以通过水平衡分析得到，可通过水量平衡表扣减得到物理漏损量或通过分项计算得到物理漏损量。

此外，供水管网的物理漏损量还可以依据供水管网产销差水量或漏损水量进行估算。根据工程经验，在依据新版漏损评定标准修正前，供水管网漏损水量一般比产销差水量低 $1\% \sim 2\%$，而物理漏损量通常约占漏损水量的 $60\% \sim 70\%$，因此模拟时段内物理漏损量总量也可以依据式（4-8）进行计算。

$$L_r = (60 \sim 70)\% \times Q_{WL} = (60 \sim 70)\% \times [Q_{SL} - (1 \sim 2)\%] \tag{4-8}$$

式中　L_r——模拟时段内供水管网物理漏损量总量，m^3；

$\quad\quad Q_{WL}$——修正前，模拟时段内供水管网总漏损水量，m^3；

$\quad\quad Q_{SL}$——模拟时段内供水管网产销差水量，m^3。

3. 物理漏损量总量允许偏差绝对百分比

物理漏损量总量约束的另一个关键参数则是物理漏损量总量允许偏差绝对百分比 ε，由于物理漏损量一般也是通过计算或估算得到，计算或估算过程所涉及的数据量较多，难免会产生一定的偏差，因此引入允许偏差绝对百分比 ε，一方面允许设定的物理漏损量总量存在一定的误差，另一方面也能达到控制优化结果与设定的物理漏损量总量较为吻合的目的。一般而言，允许偏差绝对百分比 ε 可以取 10%，当物理漏损量总量计算比较精确、管网规模较小时，该参数也可以酌情减小。

4. 节点漏损风险系数

节点漏损风险系数是由供水管网各节点的特性，包括节点的需水量以及相连管段情况如管材、管龄等所决定的，受多方面影响。管道漏损风险值能在一定程度上体现漏损发生的概率，但不能完全作为量化系数来计算物理漏损量。此外，水力模型的模型建立程度也会一定程度地影响模型中各节点漏损量，水力模型建立过程可能会存在部分节点管段简化合并的情况，此时，部分节点的用水量和漏损量也会相应产生变化。

本技术采用 Cox 比例风险模型来建立管道漏损风险评估模型，依据管材对管道进行分组，结合爆管、漏损历史修复数据对各类管材的管道分别建立 Cox 比例风险模型。Cox 比例风险模型的基本表达式如式（4-9）所示。

$$h(t, Z) = h_0(t) e^{\beta^T Z} \tag{4-9}$$

式中　t——管龄，年；

　　　Z——协变量，以管径作为协变量，mm；

$h(t, Z)$——管道漏损风险函数，次/(a·km)；

$h_0(t)$——管道漏损基准风险函数，次/(a·km)；

$e^{\beta^T Z}$——管道漏损风险函数的协变量，用以表示其他风险因素对管道漏损的影响。

　　基准风险函数 $h_0(t)$ 表示管道漏损的基准风险率，它描述了管道漏损风险随时间的变化过程，一般采用漏损频率来表达，即年平均单位管长的漏损次数，其分布一般符合"浴缸曲线"，因此采用二次函数作为基准风险函数，即如式（4-10）所示。

$$h_0(t) = at^2 + bt + c \tag{4-10}$$

式中　a, b, c——管道漏损基准风险函数的系数。

　　依据管材进行分类后，将该类型管段年平均单位管长的漏损次数作为基准风险率 h_0，以管龄 t 作为自变量，以该管龄管段对应的基准风险率 h_0 作为因变量，按照式（4-10）进行拟合，得到管道漏损基准风险函数的系数 a, b, c，以及拟合度 R^2。拟合度 R^2 越接近于 1，说明拟合效果越好。将各管材管道漏损记录中的管径和管龄信息进行生存分析的 Cox 回归可得到不同管材管道，其管径的协变量系数 β 的取值。

　　依据目标管网中各管段的管材类型，将各管段的管龄、管径分别代入对应管材的管道漏损基准风险函数 $h(t, Z)$，再结合各管道的管长，各管道的漏损风险值 PR 可通过式（4-11）求得。

$$PR = h(t, Z) \cdot L \tag{4-11}$$

式中　$h(t, Z)$——管道漏损风险函数，次/(a·km)；

　　　　L——管长，km；

　　　PR——管道漏损风险值，次/a。

　　由管道漏损风险值计算得到的节点漏损风险值可由式（4-12）计算。

$$R_{ni} = \frac{1}{2} \sum_{j \in Pipe_i} PR_j \tag{4-12}$$

式中　i——节点 i；

　　　j——与节点 i 相连的管段 j；

　　R_{ni}——节点 i 由管道漏损风险值计算得到的节点漏损风险值；

$Pipe_i$——节点 i 相连的全部管段的集合；

　PR_j——管段 j 的漏损风险值，由管道漏损风险模型计算得到。

　　节点漏损风险系数 R 与由管道漏损风险值计算得到的节点漏损风险值 R_n 和节点需水量 d 均成正比。然而，两者的量纲并不相同，为保证计算时的统一，在本技术中需对两者进行了归一化，将所有 R_n 和 d 非 0 的节点漏损风险值和节点需水量均调整至 [0.0001，1.0000] 的范围内，形成由管道漏损风险值折算得到的节点漏损风险系数 R_1 和由节点需水量折算得到的节点漏损风险系数 R_2，原本为 0 的值仍然视为 0。

　　以节点漏损风险值最大值所在节点的漏损风险系数设为 1，将其他节点的漏损风险值通过式（4-13）进行归一化得到由管道漏损风险值计算得到的节点漏损风险系数 R_1。

$$R_1 = 0.0001 + R_n/\max(R_n) \times 0.9999 \tag{4-13}$$

式中　R_n——归一化前的节点漏损风险值；

$\max(R_n)$——归一化前节点漏损风险值的最大值；

R_1——归一化后由管道漏损风险值计算得到的节点漏损风险系数。

以节点需水量最大值所在节点的漏损风险系数 R_2 设为 1，将其他节点的节点需水量通过式（4-14）进行归一化得到由管道漏损风险值计算得到的节点漏损风险系数 R_2。

$$R_2 = 0.0001 + d/\max(d) \times 0.9999 \tag{4-14}$$

式中　d——节点基本需水量，L/s；

$\max(d)$——节点基本需水量的最大值，L/s；

R_2——归一化后由节点需水量计算得到的节点漏损风险系数。

经过研究，节点漏损风险系数同时考虑管道漏损风险值和节点需水量两方面因素，并以 1∶0.1 作为系数比求和时应用效果最佳。

$$R = R_1 + 0.1 \times R_2 \tag{4-15}$$

式中　R——节点漏损风险系数；

R_n——由管道漏损风险值计算得到的节点漏损风险值。

节点漏损风险系数 R 只与管道漏损风险值计算得到的节点漏损风险值和水力模型中的节点基本需水量有关，不会随优化过程改变，因此可以一次计算后存储为数据文件，后续计算时直接读取即可。

5. 测压点所在节点位置

测压点是该技术的关键参数，决定了各虚拟分区的中心，也决定了后续计算目标函数时所用到的自由水压模拟数据，因此需要在参数输入阶段确定测压点所在节点位置。

6. 测压点自由水头实际监测值

测压点自由水头实际监测值是目标函数计算的参照依据，可通过管网 SCADA 系统获取。为避免自由水头存在缺失、0 值或较大的误差，测压点自由水头实际监测数据也可以先利用数据挖掘、神经网络等方式进行数据清洗、数据修复等操作以保证数据质量。

7. 边界节点的所在位置

该技术中的供水管网的边界节点不仅仅是指地理位置处于边界的节点，即在供水管网边缘上起到转输流量功能的节点，也是指在功能和计量上具有独特方式的节点，包括供水管网中的水厂供水节点和大用户节点，这些节点的需水量一般都是单独计量的，因此假设这些节点是不发生漏损的，故该技术需要在输入参数时定义边界节点的所在位置，以保证这些边界节点的节点漏损风险系数为 0。

4.3.3　实现过程

本技术的实现过程如图 4-1 所示，其中，遗传算法优化过程可以通过调用 MATLAB 遗传算法工具箱实现。

1. 读取水力模型

水力模型是本技术的研究基础，水力模型中包含连接节点、水库、水池、管道、水泵、阀门或者标签等可视化对象，同时也包含曲线、模式等非可视化对象。所需要读取对象的信息见表 4-2。

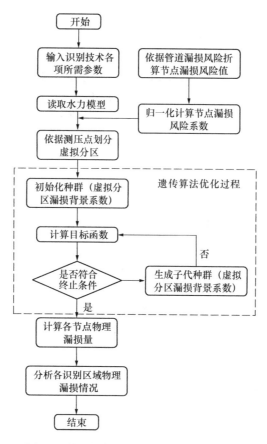

图 4-1 物理漏损区域识别技术的实现过程

水力模型中读取对象参数及用途 表 4-2

读取对象	对象参数	数据类型	用途
连接节点	索引	Int32	索引节点信息
	ID	string	标识连接节点的唯一标签，不同节点具有不同 ID
	X、Y 坐标	double/float	绘制管网图像
	基本需水量	double/float	计算节点漏损风险系数，与需水量模式共同计算节点实际需水量
	需水量模式索引	Int32	依据模式索引匹配相应的节点需水量模式
	射流系数	double/float	计算节点物理漏损量
水库	索引	Int32	索引水库信息
	ID	string	标识连接水库的唯一标签，不同水库具有不同 ID
	X、Y 坐标	double/float	绘制管网图像
管道	索引	Int32	索引管道信息
	ID	string	标识连接管道的唯一标签，不同管道具有不同 ID
	起止节点索引	Int32	匹配起止节点信息、绘制管网图像
	管长	double/float	划分虚拟分区
	管道粗糙系数	double/float	执行方法的鲁棒性研究

读取对象	对象参数	数据类型	用途
模式	索引	Int32	索引模式信息
	ID	string	标识连接模式的唯一标签，不同模式具有不同 ID
	模式乘子	double/float	与节点基本需水量共同计算节点实际需水量

2. 划分虚拟分区

本技术采用路径分析来划分虚拟分区，以测压点所在位置为目标节点，以管长为权重，采用最短路径算法——Dijkstra 算法计算模型中所有节点到各分区中心的最短路径，随后将节点分配给距离最近的分区中心，从而获取划分结果。

为更直观地描述虚拟分区划分步骤，此处以图 4-2 所示供水管网为例，展示虚拟分区划分过程。该管网具有 3 个水源、19 个连接节点、40 根管段，定义了三个测压点，分别位于节点 60、110、140（节点 ID），具体划分过程如下：

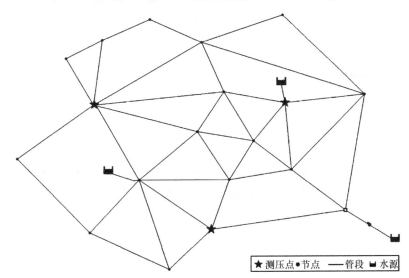

图 4-2　某管网及测压点位置示意图

（1）依据管网拓扑结构，将其视为无向图，建立带权图的管网邻接矩阵 $\boldsymbol{D}$。该管网具有 22 个节点（包括连接节点和水源节点），则邻接矩阵 $\boldsymbol{D}$ 应为一个 22×22 的对称方阵。邻接矩阵 $\boldsymbol{D}$ 的任意元素 $\boldsymbol{D}_{ij}$ 应根据以下条件来确定：

$$\boldsymbol{D}_{ij} = \begin{cases} \infty, \text{节点 } i \text{ 与节点 } j \text{ 不相邻} \\ \omega_l, \text{节点 } i \text{ 与节点 } j \text{ 相邻} \end{cases} \tag{4-16}$$

式中　i, j——管网中的节点；

　　l——直接连接节点 i 与节点 j 的管段；

　　$\boldsymbol{D}_{ij}$——邻接矩阵 $\boldsymbol{D}$ 第 i 行 j 列的元素；

　　ω_l——权重，此处选用是管段 l 的管长。

经过计算，该管网带权图的邻接矩阵 $\boldsymbol{D}_{ij}$ 如式（4-17）所示。

$$\boldsymbol{D}_{ij} = \begin{bmatrix} \infty & 12000 & \infty & \cdots & \infty \\ 12000 & \infty & 600 & \cdots & \infty \\ \infty & 600 & \infty & \cdots & \infty \\ \vdots & \vdots & \vdots & \ddots & \infty \\ \infty & \infty & \infty & \infty & \infty \end{bmatrix} \tag{4-17}$$

（2）基于带权图的邻接矩阵，以测压点所在节点为目标节点，采用 Dijkstra 算法，计算各节点到测压点的最短距离。共定义三个测压点，分别位于节点 60、110、140（节点 ID），对应的节点索引分别是 6、12、16。利用上述的带权重的邻接矩阵 $\boldsymbol{D}_{ij}$，采用 Dijkstra 算法计算得到的各节点到测压点的最短距离为一张 22×3 的表格，部分最短距离见表 4-3。

节点与测压点的最短距离　　表 4-3

节点索引	到测压点 1 的最短距离	到测压点 2 的最短距离	到测压点 3 的最短距离
1	12600	12000	13200
2	600	2400	1800
3	1200	3000	1800
4	1200	2400	1200
5	7200	8400	7200
6	0	1800	1200
7	600	1200	1800
…	…	…	…
22	1900	700	700

（3）依据节点与测压点的最短距离表，对各节点执行最短距离搜索，将该节点划分至最短距离对应的测压点所在的虚拟分区。以节点 1（节点 ID 为 20）为例，该节点到测压点 1、2、3 的距离分别为 12600、12000、13200，最短距离为 12000，对应测压点为测压点 2（节点 ID 为 110），因此将节点 1 划入测压点 2 所在的虚拟分区。该管网中可能出现部分到多个测压点最短距离相等的节点，如表 2-3 中的节点 4、5，这是由于管网简化，管段长度取值比较理想化所引起的。一般而言，在实际管网中，由于管网复杂程度增加，不会出现最短距离相等的节点。即使出现此情况，可以随机选取或者直接选取第一个最短距离的测压点，对结果影响不大。各节点的最短距离对应的测压点见表 4-4。

各节点的最短距离对应的测压点　　表 4-4

节点索引	最短距离测压点	节点索引	最短距离测压点	节点索引	最短距离测压点
1	2	9	1	17	3
2	1	10	1	18	2
3	1	11	2	19	2
4	1	12	2	20	2
5	1	13	3	21	1
6	1	14	2	22	2
7	1	15	2	—	—
8	3	16	3	—	—

依据各节点的最短距离对应的测压点，划分得到的虚拟分区见表 4-5。

虚拟分区划分表

表 4-5

虚拟分区编号	对应测压点所在节点索引	虚拟分区的节点索引
虚拟分区 1	60	2、3、4、5、6、7、9、10、21
虚拟分区 2	110	1、11、12、14、15、18、19、20、22
虚拟分区 3	140	8、13、16、17

虚拟分区划分结果如图 4-3 所示。

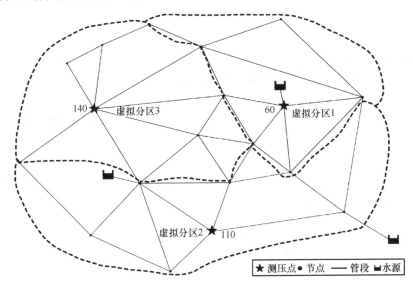

图 4-3　虚拟分区划分结果示意图

3. 遗传算法优化阶段

遗传算法是模拟生物在自然环境中的遗传和优化的过程而形成的自适应全局优化搜索算法[46]，是由 Goldberg D E 于 20 世纪 80 年代在一系列研究工作的基础上归纳总结而成的。遗传算法主要包括 6 个步骤，分别是：初始化种群、计算适应度、选择运算、交叉运算、变异运算和判断终止条件，其中选择运算、交叉运算和变异运算均是生成新种群的过程，因此又可以合称为生成子代种群。

该技术中遗传算法应用的具体步骤如下：

（1）初始化种群

由 4.2 节数学模型可知，该技术中的决策变量为各虚拟分区的物理漏损背景系数，假设虚拟分区数目为 s，则该技术中的个体为一个 s 维向量 $X=[x_1,x_2,\cdots,x_s]$，向量 X 中的每一个元素 x_i 代表该个体的一个基因，即虚拟分区 i 的物理漏损背景系数。对于任意节点，其物理漏损水量不能为负值，因此 x_i 取值范围为正实数，因此该技术中遗传算法可采用实数编码，同时添加约束条件，任意 x 必须满足 $x>0$。

假设遗传算法的种群规模为 NP，则初始种群 $\boldsymbol{P}(0)$ 是一个大小为 $NP \times s$ 的矩阵，如式（4-18）所示。

$$\boldsymbol{P}(0) = \begin{bmatrix} X_1 \\ X_2 \\ \vdots \\ X_{NP} \end{bmatrix} = \begin{bmatrix} x_{1,1} & x_{1,2} & \cdots & x_{1,s} \\ x_{2,1} & x_{2,2} & \cdots & x_{2,s} \\ \vdots & \vdots & \ddots & \vdots \\ x_{NP,1} & x_{NP,2} & \cdots & x_{NP,s} \end{bmatrix} \tag{4-18}$$

式中 s ——虚拟分区数目；

NP ——种群规模；

X ——种群中的个体，s 维向量；

$x_{i,j}$ ——第 i 个个体的第 j 个基因，即虚拟分区 j 的物理漏损背景系数；

$\boldsymbol{P}(0)$ ——初始种群，大小为 $NP \times s$ 的矩阵。

（2）计算适应度

目标函数为最小化模拟时间内测压点处实际监测压力数据 P_r 与施加一定漏损量的水力模型的模拟数据 P_m 的差异的平方和的算术平方根。

此外，本技术具有三个约束条件，除了漏失系数非负性通过基因编码的方式进行约束外，其余两项约束条件，节点压力约束和物理漏损量总量约束均以罚函数的形式进行约束。

1）罚函数1——节点压力约束罚函数 PE_P

施加漏损量后，各节点在各时刻的自由水压不应过低，即施加漏损量后水力模型中节点处全部时刻的模拟压力值的最小值比施加漏损量前基础水力模型中模拟压力值的最小值的降低不应超过2m。因此，本技术设定，若不满足节点压力约束，降低超过2m后，每超过1m，则节点压力约束罚函数 PE_P 增加100m×测压点数目，如式（4-19）所示。

$$PE_P = 100 \times (P_{\text{simulate,min}} - P_{\text{base,min}}) \times N \tag{4-19}$$

式中 N ——测压点节点数目，一般也是虚拟分区节点数目；

$P_{\text{simulate,min}}$ ——施加漏损量后，水力模型中节点处全部时刻的模拟压力值的最小值，m；

$P_{\text{base,min}}$ ——施加漏损量前基础水力模型中模拟压力值的最小值，m；

PE_P ——节点压力约束罚函数，m。

2）罚函数2——物理漏损量总量约束罚函数 PE_L

在基础水力模型上施加一定空间分布的漏损量后，模拟时段内所有节点的物理漏损量之和 L_m 与模拟时段内供水管网物理漏损量总量 L_r 的误差绝对百分比应保持在一定的范围 ε 内，本技术设定的 ε 值为10%。若不满足节点压力约束，每偏差1%，则物理漏损量总量约束罚函数增加1m×测压点数目，如式（4-20）所示。

$$PE_L = 100 \times \left| \frac{L_m - L_r}{L_r} \right| \times N \tag{4-20}$$

式中 N ——测压点节点数目，一般也是虚拟分区节点数目；

L_m ——模拟时段内所有节点的物理漏损量之和，m^3；

L_r ——模拟时段内供水管网物理漏损量总量，m^3；

PE_L ——物理漏损量总量约束罚函数，m。

模拟时段内所有节点的物理漏损量 L_m，如式（4-21）所示。

$$L_m = 3.6 \times \sum_{t=1}^{T} \sum_{i=1}^{n} x_k \cdot R_i \cdot [H_i(t)]^{\beta} \tag{4-21}$$

式中　　k——节点 i 所属的虚拟分区 k；

　　　　β——漏失指数，与供水管网的实际情况有关，通常取 1.18；

　　　　n——节点总数目；

　　　　T——水力模型模拟时长，h；

　　　$H_i(t)$——节点 i 处在 t 时刻的自由压力值，m；

　　　　L_m——模拟时段内所有节点的物理漏损量之和，m^3。

因此，本技术中遗传算法的适应度 $Fitness$ 可按照式（4-22）计算。

$$Fitness(X) = F(X) + PE_P + PE_L$$

$$= \sqrt{\sum_{t=1}^{T} \sum_{i=1}^{n} (P_{m,i}(t,X) - P_{r,i}(t))^2} + PE_P + PE_L \tag{4-22}$$

式中　　　　n——测压点总数目；

　　　　　　X——各虚拟分区的物理漏损背景系数；

　　$P_{m,i}(t,X)$——在各虚拟分区的物理漏损背景系数 X 的影响下，测压点 i 处在 t 时刻的水力模型模拟压力值，m；

　　　$P_{r,i}(t)$——测压点 i 在 t 时刻的实际监测压力值，m；

　　　　$F(X)$——在各虚拟分区的物理漏损背景系数 X 的影响下，供水管网各测压点在各时刻的实际监测压力值与模型模拟压力值的差异的绝对值之和，m；

　　　　PE_P——节点压力约束罚函数，可通过式（4-19）计算，m；

　　　　PE_L——物理漏损量总量约束罚函数，可通过式（4-20）计算，m；

　$Fitness(X)$——在各虚拟分区的物理漏损背景系数 X 的影响下的适应度。

（3）生成子代种群

遗传算法中由父代种群生成子代种群的操作包括选择操作、交叉操作、变异操作，同时，为了保证优化过程中的优秀个体不丢失，生成过程往往采取精英策略，即对适应度最小的前若干个个体进行直接保留。交叉概率和变异概率的取值分别取 0.8 和 0.1。

（4）判断终止条件

本研究中遗传算法所设置的终止条件主要有三点：

1）达到最大迭代次数。当遗传算法迭代次数达到设置的最大迭代次数时，算法终止。

2）适应度连续多代保持不变。当遗传算法的适应度连续保持若干代不发生变化，这意味着方法寻求到了最优解或者陷入了局部最优解，此时遗传算法也会终止。

3）适应度达到最小。本研究中遗传算法的适应度最小值为 0，这也意味着所有测压点的模拟压力值与实际监测压力值完全相同，此时遗传算法会终止。由于本方法以虚拟分区作为考虑单元，以虚拟分区物理漏损整体情况作为识别对象，因此这种情况在实际中发生的可能性非常小。

算法终止时，最终的种群及其相应的适应度、最终种群中的适应度最小的个体及其适应度将作为遗传算法优化的结果进行输出。

4. 计算节点物理漏损量

优化结束后，遗传算法将输出各虚拟分区物理漏损背景系数 X，将 X 代入式（4-7）可得到各节点的漏失系数 α，将各节点的漏失系数作为各节点的射流系数，利用 EPA-NET 可得到各时刻各节点的实际用水量 $q_i(t)$，则各节点各时刻的物理漏损量可通过式

（4-23）计算。

$$l_i(t) = q_i(t) - d_i(t) \qquad (4-23)$$

式中 $q_i(t)$——水力模型中，各节点加入射流系数后，节点 i 处在 t 时刻的实际节点用水量，L/s；

$d_i(t)$——基础水力模型中，节点 i 处在 t 时刻的节点需水量，L/s；

$l_i(t)$——节点 i 处在 t 时刻的物理漏损量，L/s。

5. 分析区域物理漏损情况

以虚拟分区作为物理漏损区域评估单元，各区域的物理漏损量可通过式（4-24）计算。

$$L_k = 3.6 \times \sum_t^T \sum_i^{n_k} l_i(t) \qquad (4-24)$$

式中 k——虚拟分区 k；

n_k——虚拟分区 k 区域内节点总数目；

T——水力模型模拟时长，h；

$l_i(t)$——节点 i 在 t 时刻的物理漏损量，L/s；

L_k——模拟时段内，虚拟分区 k 区域内物理漏损量，m^3。

由于各区域规模并非完全相等，单纯地凭借各区域的物理漏损量仍无法完全表示各区域物理漏损的严重程度，因此还需要计算各区域的物理漏损率，物理漏损率可通过式（4-25）进行计算。

$$RL_k = \frac{L_k}{3.6T \times \sum_i^{n_k} d_i + L_k} \times 100\% \qquad (4-25)$$

式中 d_i——节点 i 的节点基本需水量，L/s；

RL_k——模拟时段内，虚拟分区 k 的物理漏损率，%。

对于物理漏损率较高的区域，供水企业应该加强管网巡查以及检漏力度，从管道物理漏损的角度来控制漏损。此外，供水企业还可以将虚拟分区的物理漏损量与通过分区计量得到的漏损量或管网运行经验进行对比，估算各区域的表观漏损情况，对于表观漏损较严重的区域，通过加强巡查监管力度、打击偷盗水行为或检定流量计量设备来进一步控制漏损。

4.4 工 程 案 例 应 用

4.4.1 工 程 案 例 概 况

松陵镇位于我国江苏省苏州市吴江区，其供水管网服务面积约 $100km^2$，平均日供水量约 18 万 m^3，DN100 及以上的管道长约 977km，共有 95 个测流点和 41 个测压点。

松陵镇供水管网目前已建设 13 个独立计量分区，松陵镇供水管网水力模型的拓扑结构、计量分区范围、测压点、流量计的位置如图 4-4 所示。

构建水力模型时，对松陵镇供水管网进行了一定的简化，简化后的水力模型共包含

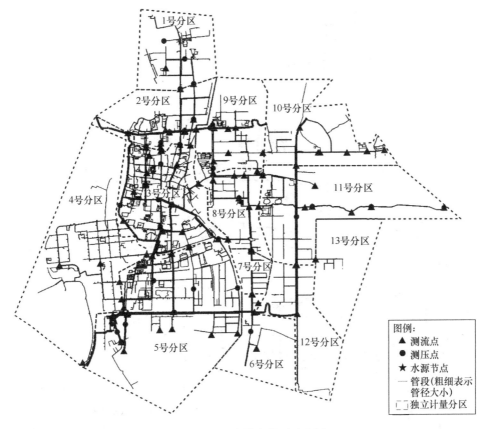

图 4-4 松陵镇供水管网示意图

8618 个节点，其中有 1 个水库节点、1 个流量转输供入节点、18 个流量转输供出节点，9016 根管段，总管长约 670km，其中有 432 个阀门。水力模型中节点基本需水量总计为 2666L/s（包含转输流量）。除转输流量外，节点基本需水量总计为 2154L/s，即日用水量 18.61 万 m³/d。

松陵镇共有 73 种模式，其中 72 种为用户用水模式、1 种水源出水压力模式。在这 71 种用户用水模式中，有 23 种为居民用水模式，其中模式 8、模式 14 和模式 64 为节点数最多的三种用水模式，约占总节点数的 42.84%。松陵镇水源、转输节点、典型居民用水模式节点等各类节点位置如图 4-5 所示，水源的压力模式以及这三种典型的居民用水模式如图 4-6 所示。

4.4.2 管道漏损风险评估模型的构建

1. 基础数据分析

由松陵镇 2012～2017 年间的管道漏损维护记录可知，发生在管道上（含管道接口），并非由挖破、挖断等第三方破坏引起的，记录了接报日期、泄漏管道的管材和管径、漏点材料始用年月等信息，且管径在 DN80 及以上的管道漏损记录共 1980 条。根据 GIS 系统中松陵镇供水管道的信息，统计得到松陵镇 DN80 及以上的管道管程约 1020.18km。针对这 1980 条管道漏损记录和 1020.18km 的管道，逐年统计不同管材管道的漏损次数和管

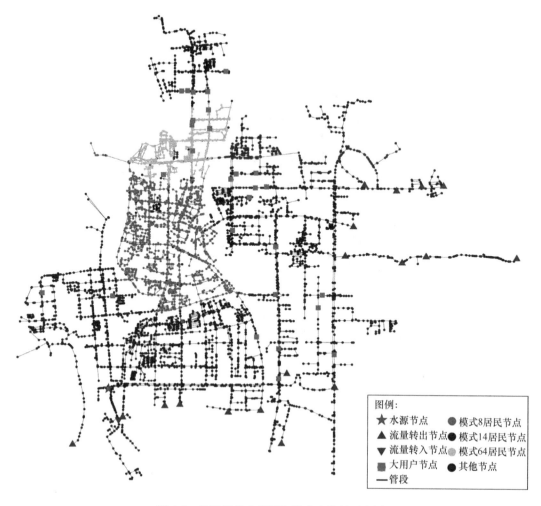

图 4-5 松陵镇供水管网各类节点位置示意图

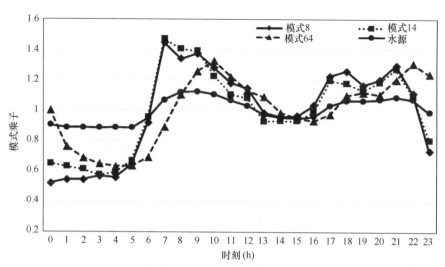

图 4-6 松陵镇供水管网压力模式及典型居民用水模式

程占比见表 4-6、表 4-7。

松陵镇不同管材管道的漏损次数占比　　表 4-6

年份	不同管材管道的漏损次数占比（%）						漏损总次数（次）
	镀锌钢	塑料	钢管	铸铁管	球管	其他	
2012	36.96	33.57	7.25	12.56	9.66	0.00	414
2013	56.68	11.74	8.50	15.79	5.26	2.02	247
2014	55.42	12.05	11.75	8.43	12.05	0.30	332
2015	54.85	10.19	13.59	15.05	6.31	0.00	206
2016	60.07	6.96	11.36	13.19	8.42	0.00	273
2017	50.70	10.22	14.03	14.63	10.42	0.00	499
合计	51.09	15.17	11.11	13.14	9.18	0.30	1971

注：在 2012 年的管道漏损维护记录中，有部分漏损记录发生在 2011 年，此处的统计未涵盖这部分记录，故漏损总次数为 1971 次，少于 1980 条记录。

松陵镇不同管材管道的管程占比　　表 4-7

年份	不同管材管道的管程占比（%）						总管程（km）
	镀锌钢	塑料	钢管	铸铁管	球管	其他	
2012	23.48	6.31	3.77	3.23	61.05	2.17	718.97
2013	20.88	7.10	3.85	2.86	62.74	2.58	809.98
2014	18.46	7.52	3.73	2.53	64.89	2.86	915.77
2015	17.60	7.60	3.68	2.42	65.80	2.91	960.89
2016	16.62	7.60	3.50	2.28	66.71	3.30	1017.63
2017	16.57	7.60	3.49	2.28	66.74	3.31	1020.18
合计	18.63	7.34	3.66	2.56	64.91	2.90	—

基于该统计结果，结合式（4-26），可计算得到 2012～2017 年间不同管材管道的漏损比率 r_i 见表 4-8，不同管材管道的漏损次数占比、管程占比和漏损比率整体分布如图 4-7 所示；结合式（4-27），可计算得到 2012～2017 年间不同管材管道的年均单位管长漏损次数 n_i 如图 4-8 所示。

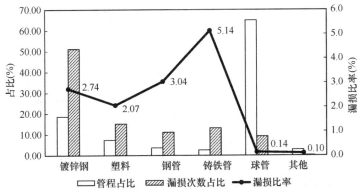

图 4-7　松陵镇不同管材管道的漏损次数、管程占比及漏损比率整体分布

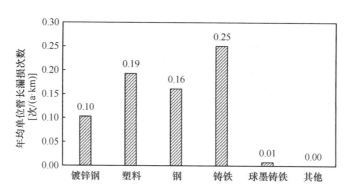

图4-8 松陵镇不同管材管道的年均单位管长漏损次数

$$r_i = a_i/b_i \qquad (4-26)$$

式中 a_i——管材 i 管道在 2012~2017 年期间的漏损次数占比，%；

b_i——管材 i 管道在 2012~2017 年期间的管程占比，%。

$$n_i = \frac{\sum\limits_{y=1}^{12\times6} \dfrac{p_{i,y}}{l_{i,y}}}{6} \qquad (4-27)$$

式中 $p_{i,y}$——管材 i 管道在第 y 月内的漏损总次数，次；

$l_{i,y}$——管材 i 管道在第 y 月内的总管程，km。

松陵镇不同管材管道的漏损比率　表 4-8

年份	不同管材管道的漏损比率（%）					
	镀锌钢	塑料	钢管	铸铁管	球管	其他
2012	1.57	5.32	1.92	3.89	0.16	0.00
2013	2.72	1.65	2.21	5.51	0.08	0.79
2014	3.00	1.60	3.15	3.33	0.19	0.11
2015	3.12	1.34	3.69	6.23	0.10	0.00
2016	3.62	0.92	3.25	5.78	0.13	0.00
2017	3.06	1.34	4.02	6.43	0.16	0.00
合计	2.74	2.07	3.04	5.14	0.14	0.10

由各管材管道的漏损比率统计结果（表4-8）可知，自2012年以来，镀锌钢管、钢管和铸铁管的漏损比率整体呈上升趋势，塑料管的漏损比率整体呈下降趋势，球墨铸铁管和其他管材管道的漏损比率整体不变，且保持在较低水平。其中，锌钢管、钢管和铸铁管的漏损比率分别上升了约95%、100%和65%，塑料管的漏损比率下降了约75%。结合表4-6、表4-7中不同管材管道的漏损次数和管程占比统计结果可知，镀锌钢管和铸铁管漏损比率的上升是由其漏损次数占比的增加和管程占比的减少共同引起的，而钢管漏损比率的上升则主要是由其漏损次数占比的增加而引起的，塑料管漏损比率的下降主要得益于其漏损次数占比的减少。整体看来，在松陵镇，铸铁管最易漏损，其次分别为钢管、镀锌钢管、塑料管、球墨铸铁管和其他管材管道。

各管材管道的年均单位管长漏损次数的统计结果，即图4-8显示，在松陵镇，铸铁管最易漏损，而球墨铸铁管和其他管材管道则不易漏损。

2. 模型建立

根据上述统计结果可知，不同管材管道的漏损比率和年均单位管长漏损次数均有较大差异，因此有必要针对不同管材管道分别建立管道漏损风险评估模型，使模型计算结果更具针对性。

（1）基准风险函数拟合

在松陵镇的管网 GIS 信息和 2012～2017 年间的管道漏损维护记录基础上，按 4.2.1 节中所述的方法对不同管材管道的基准风险函数进行拟合，拟合结果如图 4-9 所示。由图 4-9 可知，各拟合曲线的 R^2 均在 0.9 以上，具有相当的拟合精度。

由图 4-9 中的拟合结果可知，塑料管的基准风险率受管龄影响最大，而球墨铸铁管和其他管材管道的基准风险率基本不受管龄影响，且接近于 0。在有可比性的管道敷设后约 3～18a 内，基于图 4-9，分析不同管材管道的基准风险率排序见表 4-9。其中，在约 12～18a 的管龄区间内，不同管材管道的基准漏损风险率排序，与图 4-7 中不同管材管道的漏损比率排序一致；在约 8～9a 的管龄区间内，不同管材管道的基准漏损风险率排序，与图 4-8 中不同管材管道的年均单位管长漏损次数排序一致。

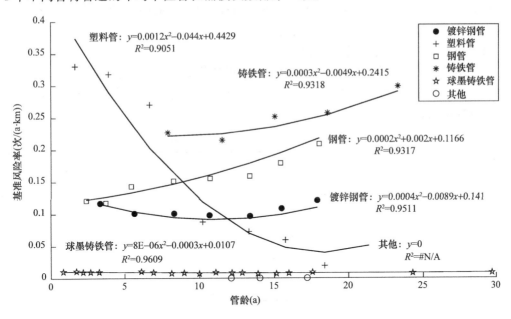

图 4-9　基准风险率函数拟合结果

不同管龄区间内，不同管材管道的基准漏损风险率排序　　　　表 4-9

管龄	基准风险率从大到小排序
3～8a	塑料管、钢管、镀锌钢管、球墨铸铁管、其他管材管道
8～9a	铸铁管、塑料管、钢管、镀锌钢管、球墨铸铁管、其他管材管道
9～12a	铸铁管、钢管、塑料管、镀锌钢管、球墨铸铁管、其他管材管道
12～18a	铸铁管、钢管、镀锌钢管、塑料管、球墨铸铁管、其他管材管道
18～22a	铸铁管、塑料管、球墨铸铁管、其他管材管道
22～24a	铸铁管、球墨铸铁管、其他管材管道

（2）协变量系数回归

将各管材管道漏损记录中的管径赋值和管龄信息导入 SPSS 数据分析软件，进行生存分析的 Cox 回归，可得到不同管材管道，其管径的协变量系数 β 的取值见表 4-10，回归结果的显著性均小于 0.28。其中，由于其他管材管道的基准风险率为 0，无论其协变量系数取值为多少，均不影响最终管道漏损风险值的计算，故本文未对其协变量系数进行回归分析。

协变量（管径）系数回归结果 表 4-10

	镀锌钢	塑料	钢管	铸铁管	球管
β	0.124	0.151	-0.055	0.05	0.069
显著性	<0.005	<0.005	0.237	0.185	0.277

由回归结果可知，塑料管的漏损风险值受管径影响最大，其次分别为镀锌钢管、球墨铸铁管、钢管和铸铁管，除钢管外，其余管材管道的漏损风险均随管径的增加而增加。

（3）比例风险假设检验

如 4.2.2 节所述，完成协变量参数回归后，需验证协变量是否符合比例风险假设。作各管材管道的管径 LLS 曲线可知，各管材管道的管径 LLS 曲线均大致平行，即各管材管道的协变量（管径）均符合比例风险假设。

（4）松陵镇供水管道漏损风险评估模型

将上述拟合结果得到的基准风险函数和回归得到的协变量函数进行组合，即可得到松陵镇的供水管道漏损风险评估模型，见表 4-11。其中，t 为管龄，单位为 a，d 为管径赋值，赋值规则见表 4-12。

松陵镇供水管道漏损风险评估模型 表 4-11

管材	管道漏损风险 $h (t, d)$	基准风险率 R^2	协变量系数 显著性
镀锌钢管	$(0.0004t^2 - 0.0089t + 0.141) \times \exp (0.124d)$	0.9511	<0.005
塑料管	$(0.0012t^2 - 0.044t + 0.4429) \times \exp (0.151d)$	0.9051	<0.005
钢管	$(0.0002t^2 + 0.002t + 0.1166) \times \exp (-0.055d)$	0.9317	0.237
铸铁管	$(0.0003t^2 - 0.0049t + 0.2415) \times \exp (0.05d)$	0.9318	0.185
球墨铸铁管	$(0.000008t^2 - 0.0003t + 0.0107) \times \exp (0.069d)$	0.9609	0.277
其他	0	—	—

松陵镇管道漏损风险评估模型中管径 d 的赋值规则 表 4-12

管径范围	d 赋值	管径范围	d 赋值	管径范围	d 赋值
$\leqslant DN80$	1	$(DN80，DN100]$	2	$(DN100，DN110]$	3
$(DN110，DN125]$	4	$(DN125，DN150]$	5	$(DN150，DN400]$	6
$(DN400，DN500]$	7	$(DN500，DN600]$	8	$(DN600，DN700]$	9
$(DN700，DN800]$	10	$(DN800，DN900]$	11	$>DN900$	12

3. 松陵镇供水管道漏损风险评估

结合松陵镇管网漏损风险模型，根据各管道的管径、管材等信息可得到各管道的基准风险，从而计算各管道的管道风险，并计算得到各节点的节点漏损风险值 R_n，可进一步折算得到节点漏损风险系数 R_1。将边界节点的节点漏损风险值设为 0 后，共有 7683 个节点存在漏损风险值。

4.4.3　漏损区域识别技术应用与分析

1. 参数设置

（1）水力模型模拟时长

松陵镇水力模型模拟时长采用 24h。

（2）模拟时段内物理漏损量总量

2017 年 2～7 月松陵镇供水量和售水量情况如表 4-13 和图 4-10 所示。

松陵镇供售水情况　　　　　　　　　　　　　　表 4-13

月份	供水量（万 m³）	售水量（万 m³）	产销差水量（万 m³）	产销差率（%）
2 月	500.64	376.8	123.84	24.74
3 月	515.63	344.4	171.23	33.21
4 月	533.26	401.2	132.06	24.76
5 月	455.18	419.8	35.38	7.77
6 月	527.77	440.5	87.27	16.54
7 月	574.43	455.6	118.83	20.69
总计	3106.91	2438.3	668.61	21.52
平均	517.82	406.38	111.44	21.52

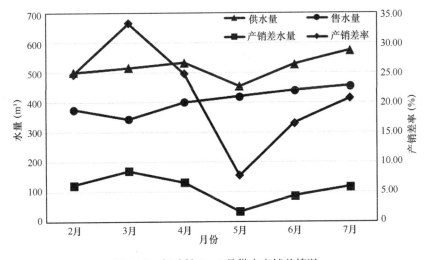

图 4-10　松陵镇 2～7 月供水产销差情况

　　2017 年 2～7 月松陵镇的产销差率按照平均产销差率 21.52% 来计算，根据以往的工程经验，供水管网漏损率一般比产销差率低 1%～2%，则松陵镇供水管网的漏损率为 19.52%～20.52%，取 19.52%。松陵镇供水管网水力模型建立时段，其日供水量为 18.61 万 m³/d，故其日均漏损量为 36330m³/d，因此其物理漏损量可采用式（4-28）来计算，即：

$$L_r = (60 \sim 70)\% \times 36330 \, \text{m}^3/\text{d} = 21798 \sim 25431 \, \text{m}^3/\text{d} \qquad (4\text{-}28)$$

取松陵镇的物理漏损量 $L_r = 25000 \, \text{m}^3/\text{d}$。

（3）物理漏损量总量允许偏差绝对百分比

物理漏损量总量允许偏差绝对百分比取默认值，即 10%。

（4）节点漏损风险系数

依据松陵镇供水管网 2012~2017 年间的管道漏损维护记录，建立了松陵镇管网漏损风险模型。根据各管道的管径、管材等信息可得到各管道的基准风险；将边界节点的节点漏损风险值设为 0 后，共有 7683 个节点存在漏损风险值。

依据式（4-13）和式（4-14）可以分别计算得到由管道漏损风险值计算得到的节点漏损风险系数 R_1 和由节点需水量计算得到的节点漏损风险系数 R_2，并分别以系数 $1:0.1$ 作为系数比，得到最终的节点漏损风险系数 R。

（5）测压点所在节点位置

松陵镇共有 41 个压力监测点，其测压点位置如图 4-4 所示。在这 41 个压力监测点中，有 7 个压力监测点在建模期间（2017 年 5 月 31 日~6 月 2 日）缺少监测数据或监测数据存在丢失、异常等情况，未参与模型校核；此外，有 3 个压力监测点校核结果误差过大，其计量数据存在较大问题。因此在本次识别过程中这 10 个压力监测点不参与物理漏损识别，用于物理漏损区域识别技术的测压点共计 31 个。

（6）测压点自由水头实际监测值

利用 SCADA 系统获取各测压点的压力实际监测值，远传压力表的 SCADA 数据通常是每 15min 或每 1h 采样一样，每 4h 上传一次数据，本研究中只需利用小时数据，因此，每个压力监测点的自由水头实际监测值均有 24 个数据。

（7）边界节点的所在位置

边界节点包括供水水源节点、边界流量转输节点以及单独计量的大用户节点。

1）供水水源节点

松陵镇供水管网共有一个供水水源，其位置如图 4-5 所示。水力模型中，该水源日供水流量为 23.03 万 m^3/d，约 2666L/s。

2）边界流量转输节点

松陵镇供水管网有 19 个边界流量转输节点，其中 1 个节点为流量转输供入节点，18 个节点为流量转输供出节点，其位置如图 4-5 所示。

3）单独计量的大用户节点

松陵镇单独计量的大用户节点共有 31 个，其位置见图 4-5 所示。

松陵镇边界节点和其他用户节点的水量汇总见表 4-14。

松陵镇边界节点和其他用户节点的水量汇总　　表 4-14

水量类型	节点数目	合计水量（m^3/d）
水源	1	230342
转输供入	1	8703
转输供出	18	52931
大用户节点	31	27019
总用水量（含大用户）	8598	186114
总用水量（不含大用户）	8567	159095

（8）水力模型的处理

现有的管网水力模型，是校核好的水力模型，模型中的水量既包括了各节点的真实需水量，也包含了管网中的物理漏损量和表观漏损量。因此，为获得本方法中所需要的基础水力模型，还需要对现有校核后的水力模型进行一定的调整，扣除管网中物理漏损量的部分，作为本技术的基础水力模型。

在管网建模过程，优先赋予边界节点的流量，即水源节点、转输节点以及远传大用户节点的流量，这些节点一般认为是不包含扣除物理漏损量的。其原因可从两方面说明：其一，水力模型中水源节点是以水池的形式存在的，其参数是出水水压，其供水量也是管网实际用水量，水源不需要考虑漏损；其二，转输流量和远传大用户一般是通过管网中的远传流量计或远传水表单独计量，在建模时，这类节点的需水量是采用单独计量的远传数据，因此这类节点也不需要考虑漏损。

而对于除边界节点外的一般用户节点，一般是依据流量分配的原则将剩余未分配的流量分配至一般用户节点，这类水量往往也包含一定的漏损量，因此在应用本研究所提出的技术前，需先对一般用户节点的需水量以节点需水量为权重按一定比例扣除物理漏损量。

2. 识别结果分析

利用松陵镇供水管网中的 23 个测压点将松陵镇供水管网划分至 23 个虚拟分区，如图 4-11 所示。

图 4-11　松陵镇 23 个虚拟分区示意图

经过迭代，松陵镇供水管网物理漏损识别的漏损量和漏损率见表 4-15，区域识别结果如图 4-12 所示。

松陵镇物理漏损区域识别结果　　　　　　　　　　表 4-15

序号	测压点 ID	节点需水量（不含大用户）（m³）	节点需水量（不含大用户）（m³）	识别物理漏损量（m³）	识别物理漏损率（不含大用户）（%）	识别物理漏损率（含大用户）（%）
1	117440562	9019.97	11612.07	2046.54	18.49	14.98
2	100685875	2422.87	2422.84	486.50	16.72	16.72
3	117440566	3419.30	7910.65	845.53	19.83	9.66
4	117440632	2447.49	2796.72	1087.62	30.77	28.00
5	117440633	2362.09	3057.76	531.44	18.37	14.81
6	117440567	5489.38	5489.36	2325.33	29.76	29.76
7	100663902	8126.70	8126.69	1304.85	13.83	13.83
8	117440582	2551.61	2987.09	574.72	18.38	16.14
9	117440571	13596.95	13596.26	2938.70	17.77	17.77
10	100690537	2274.24	2274.08	556.61	19.66	19.66
11	117440821	5701.57	6770.13	1052.68	15.59	13.46
12	117440561	4680.38	4680.36	1036.39	18.13	18.13
13	117440578	6869.06	6869.05	1374.33	16.67	16.67
14	117440617	4717.18	4717.16	1870.30	28.39	28.39
15	117440564	5059.00	5059.02	782.09	13.39	13.39
16	117440563	6106.49	6728.95	2147.80	26.02	24.20
17	117440637	5939.28	7114.16	1228.12	17.13	14.72
18	117440580	12936.14	15746.63	1529.70	10.57	8.85
19	117440581	9281.40	16972.55	340.22	3.54	1.97
20	117440577	3219.87	3471.88	1805.93	35.93	34.22
21	117440623	10759.72	13239.65	167.18	1.53	1.25
22	117440575	5712.17	7742.90	1295.30	18.48	14.33
23	100685963	1448.23	1760.26	171.13	10.57	8.86

由图 4-12 和表 4-15 可知，当不考虑大用户节点时，松陵镇各虚拟分区的物理漏损率为 1.53%～35.93%；当考虑大用户节点时，由于大用户节点加入，节点需水量增加，但漏损量并不会随之增加，因此部分虚拟分区的物理漏损率有所下降，其中第 3 个虚拟分区表现最为明显，其物理漏损率下降约 10%。从总体上来看，松陵镇各虚拟分区的物理漏损率主要集中在 10%～20%，其分布情况如图 4-13 所示。

从各虚拟分区的情况来看，虚拟分区 4、6、14、20 的物理漏损率较高，这四个虚拟分区分别位于 2 号计量分区的东部、3 号计量分区的中南部、5 号计量分区的北部和南部以及 8 号计量分区的西部。结合 2017 年 4～7 月松陵镇 13 个计量分区的产销差率，2、3、5、6、8 号计量分区的产销率较高，尤其是 5 号和 6 号计量分区产销差率明显高于其他计

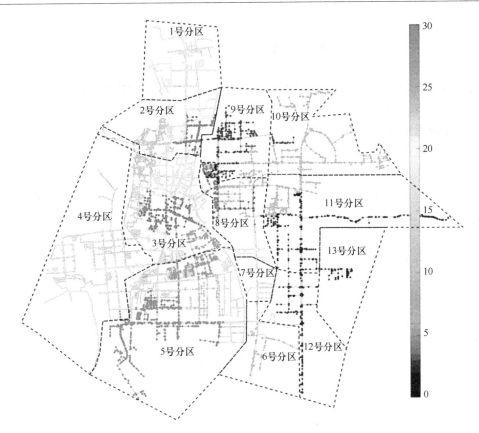

图 4-12 松陵镇供水管网物理漏损区域识别结果

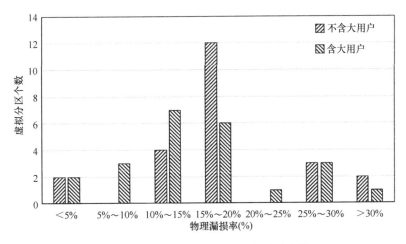

图 4-13 松陵镇虚拟分区物理漏损率分布情况

量分区。应用本书提出的供水管网漏损区域识别技术后，明显指出了 2、3、5、8 号计量分区漏损严重的子区域，这与产销差的统计结果比较吻合。尤其是虚拟分区 20 所在的区域，松陵镇供水企业后续开展了老旧管线改造、废弃管线切闸、违章管线废除和管线查漏修复等漏损控制工作，其漏损率下降尤为明显，这也说明本技术确定的严重漏损区域可以为供水企业的进一步降漏工作提供明确方向。

4.5 本 章 小 结

首先分析了管网漏损识别与定位技术硬件技术与软件技术的特点，提出了水力模型与监测数据耦合驱动的管网漏损区域识别技术。该技术耦合了供水管网的水力模型和压力监测数据，结合虚拟分区和管道漏损风险评估两项技术，具有明确供水企业巡检和检漏方向，便于供水企业进一步应用硬件设备确定漏点确切位置，实现精准、高效、有针对性的漏损控制的意义。

随后，分析了国内外供水管网漏损风险评估模型的特点，提出了基于 Cox 比例风险模型的管道漏损风险评估模型，用以评估各管道的漏损风险水平以及在管网漏损区域识别技术中的应用。

然后，提出了管网漏损区域识别技术，详细介绍了该技术基本原理、所需参数和实现过程，该技术以压力模拟值与监测值差异最小为目标函数，利用遗传算法优化漏损水量的空间分布，识别供水管网各区域的物理漏损情况，通过虚拟分区的总体漏损情况来表示供水管网各区域漏损严重程度。

最后，以苏州市吴江区松陵镇为案例管网，结合该管网应用本章的管网漏损区域识别技术进行实际工程案例分析，识别结果表明该技术能指出供水管网中漏损严重的区域，可为供水企业的进一步降漏工作提供明确方向。

第5章　面向漏损控制的压力调控技术

5.1　管网压力管理概述

管网压力控制是在保证用户正常用水的前提下，通过在管网中安装压力调节设备，根据管网用水量调节管网运行压力，达到降低管网漏损的目的。管网压力控制管理是管网漏损控制的重要技术手段，也是管网运行调度的重要方式之一。合理降低供水管网压力，是减少供水管网漏损的快速和有效的技术方法。应用管网压力控制技术，使输水管网中的供水压力更为接近用户的需要，既可以在高峰用水时通过开大阀门增加管网流量，也可以在管网用水量减小时通过关小阀门降低阀门下游管网的供水压力，达到降低管网漏损的效果。

5.1.1　管网压力控制目的及意义

城市供水管网漏损不仅对供水企业造成经济损失，还会引发一系列环境和社会问题。供水管网的暗漏较难被发现，日积月累造成水资源严重浪费，还会冲击土壤，带来路面沉降不均等问题。此外，管网漏损导致土壤中污染物质渗入管网，会带来水质二次污染等问题，使得原本达标的出厂水在用户处不能满足国家规定的饮用水水质标准。而大规模的爆管会对电力、通讯管道等地下管道甚至是道路等基础设施造成严重破坏，影响公共安全。

探索能有效地降低供水管网漏损的技术，是国内外水行业工作者长期普遍关注的焦点。据《中国城乡建设统计年鉴（2010）》的数据，全国城市供水漏损水量为 57.16 亿 m^3，国内的供水管网漏损率平均达到 27%，中小城镇的管网漏损率更是高达 35%～42%。近年来，我国城市化进程加快，对于饮用水安全保障重视程度也日益增加，在长三角、珠三角等部分地区，已率先实行城乡一体化供水来提升农村地区饮用水水质。但是由于乡村地区的管网基础设施水平普遍较低，在统一供水后城市水压普遍高于乡村原有供水压力，导致乡镇区域的管网漏损进一步加剧，从而进一步拉高了城市供水管网的漏损率，使得部分城市的漏损控制指标不降反升。

当管网供水压力过高时，会明显增大管网漏损的流量，即使积极采取主动检漏、修补漏点的措施，也可能会不断出现新的漏点，造成"补老漏出新漏"的恶性循环。在确保供水管网满足用户压力需求的前提下，采取压力控制管理方法，尽可能降低管网供水的富余压力，可显著降低管网漏损流量。供水管网压力控制和管理并不只是对管网中的高压区域进行减压管理，同时还包括对管网中的低压区域进行调节。

在过去的二十年中，英国、日本等国家的实践经验证明，有效的压力管理是进行良好管网漏损管理的基础。同时按照住房和城乡建设部对供水行业提出的标准，供水管网的漏损率在 2020 年须控制在 10% 以内。要达到这个标准，就必须加强输配水管网的漏损控制

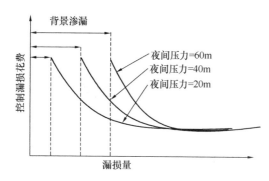

图 5-1　不同压力在控制漏损的成本

工作。图 5-1 显示了不同压力情况下，控制管网漏损所需要的成本花费情况，通过图 5-1可以发现，在满足用户要求的前提下，合理降低供水管网剩余压力，是减少供水管网漏损的一种经济有效的方法（该处漏损指物理漏损，下文中漏损均表示物理漏损）。

一般来说，管网压力控制的目的及意义主要包括以下四个方面：

（1）降低漏损：管网剩余压力过高是导致漏损与爆管的重要原因。压力管理与其他一些漏损控制策略相结合能大量减少漏损。当降低管网压力并使其保持在一个稳定的水平时，管网中新的漏损产生的频率也会同步降低。同时也对降低背景渗漏等不可避免的漏失有很好的效果。

（2）减少爆管：通过管网供水压力控制，合理降低管网供水压力，管网的爆管事故率可以降低 50％以上。对于供水管网来说，这既能节省巨额维修费用，又能减少因维修对城市交通等造成的影响。

（3）提升用户满意度：持续、稳定地满足用户水量和水压的需求，并且减少维修管网的次数，能有效提高用户满意度。广大用户可以得到更为稳定的供水服务，也就是用户在用水高峰期和非高峰期具有相同的用水压力，能够节约用户用水量。压力管理在保质保量供水方面起到了重要作用。

（4）提高经济效益：持续的压力管理可以有效地延长管道的使用寿命，使供水公司的管网资产得以有效利用。同时，由于管网的压力主要是来自水泵加压，减少压力也就是降低水泵能耗，供水企业能够取得更好的经济效益。

管网压力管理技术已经得到了广泛而成功的应用，取得了良好的效果，下面是国外两例成功通过压力管理降低漏损的案例。

根据 2001 年澳大利亚供水协会的统计，澳大利亚全国平均水流失量为总供水量的 9.6％。面对在输送管网的水源处要增加压力的需求，减少输送管网的水流失已成为降低成本的一种管理方法。Wide Bay 供水公司针对黄金海岸的具体情况提交了一个"压力及泄漏管理的实施策略"计划案，计划的关键在于根据管理分区需求（DMZ）对网络系统进行重新设计，进行漏点检测并对漏水处进行维修，进而降低管网的输送压力。为了证明计划的可行性，市议会决定实施第一个 DMZ 计划案，验证该方案的可行性。试验初期（2003 年 9 月）平均消费水量为 2798m^3/d，结束时（2004 年 2 月）消费水量降到 2190m^3/d，水量大约减少了 22％。在整个城市应用压力与泄漏管理策略后约有 26×$10^4$$m^3$/d 的节水潜力。

英国博内茅斯在供水管网系统中采用压力调整控制器进行管网压力控制，达到并保持了管网经济漏损水平（Economic Leakage Level，简称 ELL）的良好效果。当夜间管网用水量降低时，管道中压力就会下降，因此可以降低管网中已存在的漏水点处的空洞中漏水的流速，达成降低漏损的目的。在一个区域管网试验中，使管网漏损流量从以前的 9.5L/s降至 5L/s，漏损水量减少了将近一半。显然，这个结果为在整个管网中安装压力

调整控制器增添了信心，在整个城市推广压力与泄漏管理策略，明显降低了供水系统的漏损流量，提高了供水系统的运行效率。

5.1.2　管网压力控制管理策略

1. 压力分区管理

为了提高管网压力控制的效率，可以采用管网压力的分区管理方法，把一个供水管网划分为一定数量的供水区域，在每个供水区域进水边界上安装长期运行的流量计以计量其下游管网的流量。必要时，这些流量计处还应安装减压阀，对每个供水区域或一组供水区域进行压力管理，保证管网在最优压力下运行。

管网压力分区的前提条件是用水区域内用水点的地面标高差异较大，供水区域面积较大，用水区域内的水压分布悬殊，水压的分布差异增大，可以分为高压区和低压区，特别是在供水压力过高的地区，区域内的水压维持在较高的水平，非常容易导致漏损流量增大。为此，按照地形的需要采用分区供水方式，能够有效避免供水区域内水压的过高或者过低，从而降低管网的漏失水量，减少供水能量的浪费。在给水管网分区的同时，通过合理的管道配置和压力控制设备的配置，可以从对整个供水区域的压力控制转变为对多个供水区域内的水压管理。因此，高压区及低压区问题就可以迎刃而解，而且与分区前相比，还能够改善每个最高值和最低值。另外，可使分区后每个区域的水压缩小，因此可降低平均水压，均衡用水区水压，减少因为压力过高而导致的管网漏失，减少因水压高而产生的管道事故，增强管网的安全可靠性。

供水分区的边界通常受到区域内的地面标高、地形（江河、铁路等）和道路等的限制。另外，应尽可能考虑不发生管道死水，应使管网末梢部分形成环状。同时，进行给水管网压力分区规划时，应该考虑规划要求年限及规划需水量等供水条件。随着时间的推移，分区规划的参数也会发生相应的变化，因此，管网分区规划也要适应管网运行过程中的运行条件变化。

压力分区管理的效果体现在区域内水压是否均衡方面，在进行给水管网分区时，应利用阀门将管网中的联络管道隔开。

2. 安装减压阀

供水管网的压力管理一般通过在管网中安装减压阀进行供水压力调节。管网的供水压力来源于水厂泵站和管网压力或流量的调节构筑物。当管网中局部区域（比如靠近水厂出水口的小区）压力过高，远高于用户的正常用水要求时，应用调节阀门控制压力，在保证管网正常供水的条件下，降低管网供水压力，可以有效克服因管网压力过高而导致的管网漏损问题。一般情况下，通过减压阀降低的管网漏损流量与给水管网的输水压力成正比，因此减压阀具有改善系统运行工况和潜在节水的作用，据统计，其可节水约 30%。

随着科学技术的不断发展，近年来各种类型的供水系统减压阀广泛应用于城市给水管网中水压过高的区域及其他场合。实践表明，应用减压阀的给水减压保障系统与传统的调蓄减压池相比，具有占地少、技术特性稳定的优点。作为一种自动降低管路工作压力的专门装置，它可将阀前管路较高的水压减少至阀后管路所需的水平。

国外对于阀门的控制进行了多方面的应用：依托供水管网管理软件，对给水管网进行实时管理，在线连续监测管网供水运行工况；根据管网监测点的检测数据，读取管网供水流量和压力信息，然后调用漏损控制管理模型，进行降低漏损流量计算，计算结果直接通过安装在阀门上的遥控装置或者通过操作工人，指导调节阀门的开启度。阀门的调控运行操作简单，降低漏损量的效果显著，调节速度较快，能够快速实施管网供水压力调节操作。利用目前管网存在的阀门资源，能够带来更好的经济效益和社会效益，并且节约较多的人力、物力。综合比较各种方法的优缺点可以看出，调节阀门能够利用现有的管网资源，在保证用户连续安全用水的前提下，简单有效地解决城市给水管网漏损量过高的问题，更加符合我国目前的国情。

此外，在分区的基础上联合运用减压阀和流量调节阀，可以收到供水节能和降低漏损的双重效果。

3. 优化管网运行压力

合理选择管道运行压力对节约能耗、减少漏水、降低管道强度要求和减少爆管概率均有好处。管网工作压力不宜选得过高，当供水距离较长或地面起伏较大，拟采用较高的工作压力时，宜与分区（串联或并联分区）供水方案进行经济技术比较，并检查流速是否经济合理。管网的工作压力与管线长度和管材密切相关。就管道长度而言，大城市可采取分区供水以减小管线长度，对中小城镇可将供水泵站（或水厂）布置在供水区长轴线的中部使直接供水距离缩短。就管材而言，塑料管内壁光滑，阻力最小，中小管径时可优先选塑料管，较大管径时可选钢管或球墨铸铁管。

管网压力流量控制是以满足区域实际用水量需求为前提，确保各供水区域内的管网服务压力符合供水服务标准，保证管网主干管末梢的服务压力不小于 0.16MPa 和保证住宅配水进户前的服务压力不小于 0.05MPa，实现优化运行，确保安全和优质供水服务。

重力流输水系统采用减压池减压后可降低管道的输水压力，提高管网系统的能量利用效率，降低管网工程造价，尤其对首尾落差较大的重力流输水管道系统，其效果更加明显。

在地面标高相差很大的管网区域，给水管网的规划设计及运行调度带来一系列的问题。由于管网各部分地面标高相差大，容易造成标高低的区域中管网供水压力过高，容易发生爆管及管件损坏；而标高较高的区域中则会出现管网供水压力不足，甚至不能将水供至最不利的地点。由于地形高差大，必须实施分区供水，并设置加压泵站及调节构筑物，进行管网中途加压，这样使二级泵房的扬程只需满足加压泵房附近管网的供水服务压力即可。当二级泵房附近的管网用水量占很大比例时，所节约的供水能量将非常明显。同时，也可保证管网各部分供水压力更均匀，降低管网的爆管事故率和管网漏损率。

5.1.3　供水管网压力管理基础理论

给水管网设计通常以最高日最高时用水量时管网最不利点满足最小服务水头作为设计目标。管网最不利点一般是管网中高程最大点或距离水源最远的节点。鉴于大多数供水管网是以用水高峰时的最不利点满足最小服务水头进行设计的，用水低峰时段管网会产生过高的富余压力。而供水管网漏失水量与管网压力相关，服务压力越高则漏失水量越大。除用水高峰时外，其余时段管网运行压力要高于最低需求值，而漏损率会随着压力的升高而增大，显然通过降低管网富余压力可以达到有效控制漏失的目的。压力管理的主要目标就是要使管网的富余压力最小化，以此来降低漏失和爆管率。目前在边界封闭的独立计量分区（DMA）中，使用减压阀调节压力是较为常见的压力管理措施。供水企业通过压力管理来降低漏失、爆管发生频率和延长基础设施寿命，另外压力管理应与能耗管理一并考虑，因为两者之间是有密切联系的：通过压力管理可使水泵需要提升的水量减少，从而实现节能降耗的目的。

目前，城市供水管网减压阀优化压力漏失控制研究主要有以下三个技术要点：

（1）建立压力驱动节点流量的水力模型；

（2）对城市供水管网漏失模型进行压力分区；

（3）建立减压阀优化压力漏失控制数学模型。

传统给水管网水力模型是以环路能量守恒方程和节点连续性方程为基础的供水管网水力分析数学模型。其中节点方程多用于计算机编程求解，该模型可以用式（5-1）予以表示：

$$\begin{cases} \sum\limits_{\substack{j=1 \\ j \neq i}}^{n} q_{ij} + Q_i = 0 \\ q_{ij} = (h_{ij}/S_{ij})^{1/n} = \left(\dfrac{H_i - H_j}{S_{ij}}\right)^{1/n} \\ \sum\limits_{i \in loop} h_{ij} = 0 \end{cases} \tag{5-1}$$

式中　i——节点编号；

n——指数，为 1～2；

q_{ij}——与节点 i 相连接的管段流量，L/s；

Q_i——节点 i 的流量，流出节点为正、流入节点为负，L/s；

H_i、H_j——节点 i、j 的压力，m；

h_{ij}——管段 ij 的水头损失，m；

S_{ij}——管段 ij 的摩阻系数。

传统水力模型在水力分析时节点用水量是作为一个已知确定值，但真实给水管网中节点用水量是变化的，这导致了传统水力模型在一定程度上的失真。由于在供水管网中可能存在管道年久失修造成管道堵塞、新增管线未经过优化、管网地势高差过大等问题，导致城市供水管网不能满足部分用户用水需求（水压、出水量不足）。此时，若采用需水量驱动分析（demand-driven analysis，DDA）方法对管网建立水力模型，则会根据节点固定的需水量计算节点的压力和管道中的流量，那么得出的管网模型结果可能与实际存在差距。此外，传统水力模型无法计算给水管网的漏失量，而是将漏失量均分于所有的用户节点，作为用户用水量的一部分。但是实际情况是城市管网的漏失是受到多方面因素影响的，并不能对其进行简单的平均处理。在对城市供水管网进行动态分析的时候，用户的用水量是不断变换的，同时节点的出流量是随着管网的压力不断变化的。所以传统水力模型在使用上是受到限制的。

从 1980 年开始，许多学者指出节

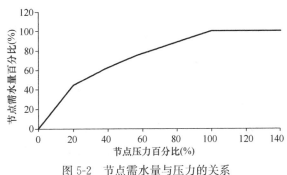

图 5-2　节点需水量与压力的关系

点需水量不应该被认为是一个恒定量。在实际管网中，当节点压力不足时，节点需水量会相对应的下降，因此，节点需水量与压力之间存在一定联系。图 5-2 显示了节点需水量与压力的关系，当节点压力在 0 至节点服务水压（即满足节点额定需水量时的节点压力）之间时，节点需水量随着压力的增加而增加，当节点压力超出服务水压时，节点需水量为固定需水量且与压力没有关系。

Wagner[83] 提出了一个简单、符合实际的压力流量关系，如式（5-2）所示：

$$\begin{cases} Q_j^{\mathrm{avl}} = Q_j^{\mathrm{req}} & H_j > H_j^{\mathrm{req}} \\ Q_j^{\mathrm{avl}} = Q_j^{\mathrm{req}} \left(\dfrac{H_j - H_j^{\min}}{H_j^{\mathrm{req}} - H_j^{\min}} \right)^{\frac{1}{n}} & H_j^{\min} < H_j \leqslant H_j^{\mathrm{req}} \\ Q_j^{\mathrm{avl}} = 0 & H_j \leqslant H_j^{\min} \end{cases} \tag{5-2}$$

式中　j——节点编号；

Q_j^{avl}——节点 j 的实际需水量，L/s；

Q_j^{req}——节点额定需水量，L/s；

H_j——节点 j 的实际压力，m；

$H_j^{\min}$——节点 j 的最小供水压力（当低于此压力时，节点实际需水量为 0），一般取值为 0；

H_j^{req}——节点 j 的服务水压，m；

n——压力指数，取值范围为 1.5～2。

为了弥补 DDA 方法在供水管网系统压力不足的情况下模拟的局限性，近年来，压力驱动分析（Pressure-Driven Analysis，PDA）模型得到广泛的关注和研究。实际上，压力驱动模型认为用水量不仅随时间变化，还取决于管网系统的供水压力。它除了避免 DDA 模型可能出现的负压、低压情况外，也更贴近管网实际状态。

压力驱动水力模型的模拟过程通常有两种方法：第一种是融合了 DDA 的分析方法，例如，利用启发式算法在 DDA 环境中用 PDA 的某些特性判断管网中部分节点的需水量只能部分满足额定需水量或者利用射流器的性质，在水力模拟中将压力不足的节点替换为射流器来建立压力驱动模型等；第二种是将节点流量与压力关系式应用到模型中，然后利用梯度算法直接解压力驱动模型的水力方程组。

具体来讲，采用需水量驱动分析（DDA）建立供水管网水力模型，需要满足如式 (5-3)所示的管网连续性与管网回路能量方程组。

$$\begin{cases} \sum_{j \in J_i} Q_{ij} + Q_i^{\mathrm{avl}} = 0 & i = 1,2,3,\cdots,N \\ H_{i,k} - H_{j,k} = h_k & k = 1,2,3,\cdots,M \end{cases} \tag{5-3}$$

式中　i, j——管道起始节点编号；

k——管道编号；

N、M——管网中节点、管道总数；

Q_{ij}——节点 i 与节点 j 之间管道流量，L/s；

Q_i^{avl}——节点 i 实际需水量，L/s；

J_i——与 i 通过管道相连接的节点的集合；

$H_{i,k}$、$H_{j,k}$——节点 i、j 的压力水头，m；

h_k——管道 k 的水头损失，m。

在式（5-3）所示的方程组中，由于管道流量与水损存在一定关系，即管道流量可以通过节点压力计算。经过简化，式（5-3）可以视作未知量为节点压力，未知量个数与方程数相等的非线性方程组，具有唯一解，即当节点需水量与管网拓扑结构确定后，采用 DDA 分析的管网水力模型具有唯一解。

当采用压力驱动分析（PDA）建立供水管网压力驱动模型，除了需要满足式（5-3）之外还需要满足式（5-2），即 Q_i^{avl} 通过式（5-2）计算。显然易见，将式（5-2）引入方程组中并没有引入新的未知数，即在给定节点、管道信息与管网拓扑结构及节点需水量与压力的关系时，采用 PDA 分析的管网水力模型具有唯一解。

一般认为，采用压力驱动水力模型，整个管网节点不会出现负压，水力模拟结果更贴合实际。

5.2　管网供水压力与漏损的关系

5.2.1　整体供水管网中压力与漏损的关系

在供水管网中，供水压力与漏损的关系[84]可用式（5-4）表达：

$$L_1 = L_0 \left(\frac{P_1}{P_0} \right)^{N_1} \tag{5-4}$$

式中　P_0——管网初始的平均压力，m；

P_1——管网压力改变后的平均压力，m；

L_0——管网初始的漏损量，m^3/h；

L_1——管网压力改变后的漏损量，m^3/h；

N_1——漏损指数，与管道材质有关，一般为 0.5～2.5。

在不同的漏损系数 N_1 条件下，压力与漏损的关系示意图如图 5-3 所示。

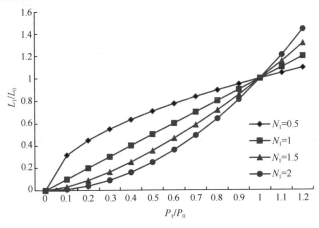

图 5-3　不同漏损系数与漏损流量变化关系

从图 5-3 可知，随着 N_1 的增加，管网漏损量受压力变化的影响增大。国内外的通用做法是通过管网中较小且独立区域的夜间最小流量法确定整体管网 N_1 的值。根据国外文献报道，大多数情况下 N_1 的取值为 $0.5\sim1.5^{[84]}$，并且给出了适用不同情况时 N_1 的推荐取值：（1）当管段材质未知或者整个管网是由多种材质混合建造时，$N_1=1$；（2）当管网漏损主要是因为管段上有孔洞时，$N_1=0.5$；（3）当管网漏损主要是因为管段上的裂隙时，$N_1=1.5$；（4）特殊情况时，$N_1=2.5$。

5.2.2 单一管道供水压力与漏损流量计算

对于单一管道，对于供水压力和漏损流量之间的计算公式为：

$$Q_{L,ij} = \alpha \times L_{ij} \times P^{\beta} \tag{5-5}$$

式中 $Q_{L,ij}$——管段 ij 的漏损量，$\mathrm{m^3/h}$；

        L_{ij}——管段 ij 的长度，m；

        P——管段起始点的平均压力，m；

        α——漏损系数，与管段管龄、直径、管壁粗糙系数、管段材质、管段上配件有关；

        β——漏损指数与管段材质、管段漏损处物理状态有关，一般取 $0.5\sim1.5$。

由式（5-5）可知，压力与管网漏损成正相关性，压力越大，管网的漏损（此处漏损指物理漏损）越大。

将与漏损指数 β 有关的影响因素结合前人的研究和客观因素，忽略管径的影响，主要分为以下两个方面：管道破损形状（圆洞、纵向裂缝、横向裂缝、腐蚀裂缝等）与管材（PVC-U 管、水泥管、钢管、球墨铸铁管等）。

采用现场试验的方法，选取三种类型的管材，分别为 PVC-U 管、水泥管、钢管、球墨铸铁管，选择的四种漏损形状为圆洞、纵向裂缝、横向裂缝以及腐蚀裂缝。即总共 12 种情况的管道，其中每种情况的管道使用几根管径大致相同的试验管段进行多次试验。

在模拟现场的实验中，分析其实验结果发现 β 值一般大于 0.5，大多分布在 $0.5\sim2.79$。小的接口处漏损和塑料管漏损面积较大的 β 值约为 1.5；可察觉的金属管漏损或爆管的 β 值约为 0.5。将 12 种不同情况的管道试验中利用不同管径的试验管段多次试验的平均值处理后，具体结论见表 5-1，其中没有数据的单元格为现场试验时找不到符合要求的管段。

部分情况下漏损指数取值范围   表 5-1

漏洞形状	PVC-U 管	水泥管	钢管、球墨铸铁管
圆洞	0.524	—	0.518
纵向裂缝	1.38~1.85	0.79~1.04	—
横向裂缝	0.41~0.53	—	—
腐蚀裂缝	—	—	0.67~2.30

5.2.3 供水管网物理漏损模型计算

供水管网物理漏损模型计算根据建立真实供水管网模型，存在水量平衡关系式，如式（5-6）所示。

$$Q_{\mathrm{sum}} = Q_{\mathrm{demand}} + Q_{\mathrm{leakage}} + Q_{\mathrm{unprofile}} \tag{5-6}$$

式中 Q_{sum}——管网总用水量，数据来源于管网水源（水厂、水库、传输等）真实出流数据，$\mathrm{m^3/h}$；

Q_{demand}——管网中用户需水量，数据来源于抄表水量，m^3/h；

$Q_{leakage}$——管网漏损量，数据来源于利用管网中真实压力数据得来，m^3/h；

$Q_{unprofile}$——未计量水量，该水量是为了满足水量平衡条件设立，m^3/h。

由式（5-6）可知，在建立真实管网模型时，模型中节点需水量由三部分组成（用户需水量、漏损量、未计量水量），并且其中漏损量数据来源于真实的管网压力数据。但是在使用优化算法对调压阀进行优化设计时，无法对每一个解都获取此时的真实压力数据，完成水量平衡。为了简化计算，建立一个简单、快捷的供水管网物理漏损计算模型，提出以下三个假设条件：

（1）忽略管网中除管道外其他构件的漏损，并且管道漏损分布在管网中的每一管道上，即管网中每个管道都存在漏损，这些漏损相加等于管网漏损总量；

（2）建立管网水力模型时，节点需水量仅包括用户需水量；

（3）可以使用水力模拟的结果数据（节点压力）计算管网漏损量。

满足以上三个假设条件之后，管网物理漏损计算模型建立方法具体如下：首先完成管网模型水力模拟，然后通过 Matlab 软件编程使用水力模拟的数据（节点压力、管道长度等）分别计算各管道的漏损量，最后将各管道漏损量相加得到管网整体漏损量。选用式（5-7）计算管道漏损量：

$$Q_{ij,L} = \alpha L_{ij} \left[0.5(H_i + H_j) \right]^\beta \tag{5-7}$$

式中　i、j——管道起始节点编号；

　　　$Q_{ij,L}$——管道 ij 的漏损量，m^3/h；

　　　α——漏损系数；

　　　β——漏损指数；

　　H_i、H_j——管道 ij 起始节点的压力，m。

根据管网特性（管道破损形状，管材等）选取合适的漏损指数 β，同时结合管网历年来的物理漏损率推算合理的漏损系数 α。对于某些存在部分节点为负压或者压力较低的管网模型时，则需要利用压力驱动水力模型进行处理。

目前供水管网工况模拟研究多采用 EPANET 工具或使用其核心计算引擎。在 EPANET 中射流器是连接节点的一种类型，一般在水力模型中用于模拟消火栓系统和灌溉系统，也可以模拟与连接节点相连管道的泄漏，或者用于计算连接节点的消防流量。射流器的流量是节点压力水头的函数，见式（5-8）。

$$q = C p^\gamma \tag{5-8}$$

式中　q——节点流量，L/s；

　　　C——射流器系数；

　　　p——节点压力，m；

　　　γ——射流器指数。

首先依据节点固定的需水量分配，进行水力计算，找出压力小于节点服务压力 H_j^{req} 的节点并将这些节点类型转换为射流器，同时将这些节点的基本需水量修改为 0。为了使这些节点的需水量符合 5.1.1 节式（5-2）中压力与流量的关系，联立式（5-2）与式（5-8），显然可知当节点最小供水压力 H_j^{min} 为 0 时，设置这些节点的射流器系数分别为

$C = \dfrac{Q_j^{req}}{(H_j^{req})^{\frac{1}{n}}}$，射流器指数 $\gamma = \dfrac{1}{n}$。整个供水管网既满足水量平衡式及式（5-3），节点需水量也满足式（5-2）中的关系，从而建立压力驱动水力模型。

然后再按照以上步骤通过式（5-7）进行供水管网物理漏损计算。

5.3　供水管网调压阀优化设计

目前关于压力管理的技术应用大都停留在某供水公司供水范围内的小型管网或者某小区管网的经验或者实验性分析阶段。缺乏对于该项技术的理论支撑，其核心问题就是管网漏损形态对于压力调控的响应机制并不明确，从而导致压力控制措施缺乏针对性和目标性。

对调压阀的优化设计及进行相关的操作，是国内外供水行业完成压力管理的热点技术手段。但目前关于调压阀优化设计分析模型，由于存在算法瓶颈，该项技术应用大都停留在小型管网或者虚拟管网，缺乏实际应用。目前，国内供水企业对调压阀的调节主要是依据工程人员的经验来操作。

本节从管网调压阀优化设计角度出发，对城市供水管网进行压力管理，从而达到控制漏损的目的。利用新型的智能优化算法布谷鸟算法来搜索供水管网中调压阀的最佳安装位置及最佳操作方式。

5.3.1　调压阀优化设计模型

管网调压阀优化模型是一个双层优化模型，首先在第一层优化模型中确定调压阀的数量、最优安装位置，然后根据上层的结果在第二层优化模型中确定阀门的最优操作方式。

1. 第一层优化模型

根据 Araujo（2006）的研究[85]，阀门的位置对管网物理漏损的影响远远大于阀门数量对管网物理漏损的影响。故先将阀门数量当作已知条件，在本层优化模型中只确定阀门最佳安装位置。为了得出最佳阀门位置的优化结果，首先需要模拟出管道安装阀门后的水力情况。由于 EPANET 中阀门的特性，无法通过编程随机改变阀门位置。而在管道上增加阀门相当于该管道增加了水头损失，因此可以采用虚拟阀门方法，即通过改变管道的粗糙系数或局部水头损失系数来模拟该管道上增加阀门的水力情况。综合国内外对调压阀优化设计的研究现状发现，在通过应用虚拟阀门搜索出阀门最佳安装位置时，都是随机改变虚拟阀门中影响水头损失的参数，通过优化算法搜索出最佳阀门安装位置以及改变的参数值。然而，这种方法没有考虑实际管网的情况，如果每条可能成为最佳安装位置的管道需要改变的参数是一个随机值，那么管网每增加一条管道，搜索空间将会增加相当于改变参数约束范围的空间，极大地增加了计算量。为了简化计算，提高搜索效率，最终使得该调压阀优化设计方法能够运用于真实管网中，应用虚拟阀门模拟管段上增加阀门的水力情况来搜索阀门最佳安装位置时，对于每一次搜索所设置的参数设为一个固定值，即管网每增加一条管道，搜索空间仅增加 1。

两种虚拟阀门具体应用步骤如下：

（1）改变海曾—威廉系数

根据海曾—威廉公式，即公式（5-9），可以看出降低海曾-威廉系数 C_h 可以增加管道水头损失。在已知阀门数量 N_v 的条件下，随机挑选管网中 N_v 条管道，并降低其海曾-威廉系数 C_h，增加管道水头损失，模拟在这 N_v 条管道上加上阀门的水力情况。

$$i = 105\, C_h^{-1.85}\, d_j^{-4.87}\, q_g^{1.85} \qquad (5-9)$$

式中　i——管道单位长度水头损失，kPa/m；

　　　d_j——管道计算内径，m；

　　　q_g——给水设计流量，m³/s；

　　　C_h——海曾-威廉系数。

由于管道沿程水头损失与海曾威廉系数、内径、管长及管道流量有关，改变管道的海曾—威廉系数无法保证虚拟阀门对每条管道的水头损失相同。

（2）改变局部水头损失系数

根据管道局部水头损失计算式，即式（5-10）。可以看出增加管道局部损失系数可以增加管道水头损失。在已知阀门数量 N_v 的条件下，随机挑选管网中 N_v 条管道，并增加它们的局部损失系数 ξ，增加了管道水头损失，模拟在这 N_v 管道上加上阀门的水力情况。

$$h_{ij} = \xi Q_{ij}^2 \qquad (5-10)$$

式中　i、j——管道起始节点编号；

　　　h_{ij}——管道局部水头损失，m；

　　　Q_{ij}——管道 ij 的流量，L/s；

　　　ξ——基于流量的局部损失系数。

由于局部水头损失 h_{ij} 与管道流量有关，仅仅改变 ξ 不能保证每条管道增加的水头损失相同，故需要根据管道流量来分配管道局部损失系数，根据管道流量分配局部损失系数可以保证虚拟阀门对每条管道的水头损失影响大致相同，从而得出比较精确的结果。选取管网中任意一个管道的流量 Q_{r0} 作为基准数值，则分配在流量为 Q_{s0} 的管道上的局部损失系数通过式（5-11）计算。

$$\xi = \frac{\xi_x}{Q_{s0}^2} \times Q_{r0}^2 \qquad (5-11)$$

式中　ξ_x——一个合适的常数，其他参数同上。

其目标函数为阀门最佳安装位置，本书定义为在管网中某些管道安装虚拟阀门（改变管道海曾—威廉系数或局部水头损失系数）后管网所有节点在一天中剩余压力的平方和的平均值之和最小。为了使装上阀门之后，整个管网的节点压力趋于稳定，同时根据阀门最佳安装位置的定义，目标函数如式（5-12）所示。

$$\min Obj\,(1) = \sum_{t=1}^{T} \frac{\sum_{i=1}^{n} (H_{i,t} - H_{req})^2}{n} \qquad (5-12)$$

式中　$H_{i,t}$——节点 i 在管段 t 时刻的压力，m；

　　　H_{req}——节点服务水压，m；

　　　n——节点个数；

　　　T——时段数。

需要注意的是，目标函数不是管网漏损量最小的原因如下：根据供水管网物理漏损计算式，压力越低，漏损越小。如果目标函数为管网漏损量最小，则在小型管网中有可能出现，优化结果的最佳安装位置为虚拟阀门在一个集中的区域管道中。此时，该区域压力极低导致该区域漏损极低，管网整体漏损达到最低值。但是这个最佳安装位置明显不符合实际经验。故目标函数选为管网所有节点在一天中剩余压力的平方和的平均值之和最小，可以避免阀门最佳安装位置过于集中的问题。

其约束条件包括：

（1）节点水量平衡

节点需水量与节点流出、流入满足水量平衡，即满足管网连续性。具体方程见式（5-13）。

$$\sum_{j \in J_i} Q_{ij} + D_i = 0 \qquad (5-13)$$

式中　i、j——管道起始节点编号；

　　　Q_{ij}——节点 i 与节点 j 之间管道流量，L/s；

　　　D_i——节点 i 的流量，L/s；

　　　J_i——与 i 通过管道相连接的节点的集合。

（2）压力平衡

管网中每一管道起始节点总水头之差等于该管道的水头损失，具体方程见式（5-14）。

$$H_i - H_j = h_{ij} \qquad (5-14)$$

式中　i、j——管道起始节点编号；

　　　H_i、H_j——节点 i、节点 j 的总水头，m；

　　　h_{ij}——管道 ij 的水头损失，m。

2. 第二层优化模型

通过第一层优化模型，可以知道在确定阀门个数的情况下调压阀的最佳安装位置，在EPANET 的管网模型中将阀门安装最佳安装位置上。然后在本层优化中，求出这些阀门在一天中每个时段的最佳操作方式（开度）。EPANET2.0 包含的几种常用阀门有调压阀PRV、流量控制阀 FCV、节流控制阀 TCV 等。以流量控制阀 FCV 作为研究对象，并假设 FCV 的设置值（允许通过流量）与阀门虚拟开度呈线性比例，具体的关系式见式（5-15）。

$$V_k = \frac{Q_v}{Q_0} \qquad (5-15)$$

式中　V_k——阀门虚拟开度，$V_k \sim [0, 1]$；

　　　Q_0——未安装阀门时管道初始流量，L/s；

　　　Q_v——FCV 的设置值。

供水管网调压阀优化设计的最终目的是减少管网漏损量，故目标函数设定为管网漏损总量最小，具体计算式见式（5-16）。

$$\min obj(2) = \sum_{i=1}^{n} Q_{i,l} \qquad (5-16)$$

式中　i——管道编号；

n——管网管道数量；

$Q_{i.l}$——第 i 条管道的漏损量。

具体约束条件包括：

（1）水力约束条件（节点水量平衡与压力平衡）同第一层优化模型；

（2）阀门开度约束：$0 \leqslant V_k \leqslant 1$，其中 V_k 表示阀门虚拟开度；

（3）节点压力约束。

为了保证管网的最低用水需求与稳定性，节点压力不能小于节点服务水压，即通过调压阀调节后，管网中所有节点压力均在节点服务水压之上，具体关系式见式（5-17）。

$$H_{req} < H_{min} \tag{5-17}$$

式中 H_{min}——管网中最低的节点压力，m；

H_{req}——节点服务水压，m。

在超大型管网模型中，由于模型中节点标高相差较大，或节点没有统一的节点最低服务水压要求。为了简化优化计算过程，对于超大型管网模型，节点压力约束为通过调压阀调节后，管网中节点平均压力在节点服务水压之上，具体关系式见式（5-18）。

$$H_{req} < H_{aver} \tag{5-18}$$

式中 H_{aver}——管网节点平均压力，m；

H_{req}——节点服务水压，m。

注意事项：

（1）管网漏损总量计算

管网漏损总量计算方法详见 5.2.3 节供水管网物理漏损模型计算。

（2）节点压力约束处理方法

在优化计算过程中，若某组解（阀门开度）进行水力计算后发现管网中节点压力小于节点服务水压时，需要在目标函数中添加一个罚函数 G，G 的具体计算见式（5-19）。

$$\begin{cases} G = H_{req} - H_{min}, & if \quad H_{min} \leqslant H_{req} \\ G = 0, & if \quad H_{min} > H_{req} \end{cases} \tag{5-19}$$

式中 H_{min}——管网所有节点中最低的压力，m；

H_{req}——节点服务水压，m。

对于大型真实管网，压力约束为通过调压阀调节后，管网中节点平均压力在节点服务水压之上，则将式（5-19）中 H_{req} 替换为 H_{aver} 计算罚函数。

5.3.2 布谷鸟算法

布谷鸟算法（Cuckoo Search，简称CS）是由 Xin. She Yang 和 Suash Deb（2009）模拟布谷鸟选巢产卵的自然生物行为提出的一种具有全局收敛性的新型智能优化算法[86]。布谷鸟将自己的卵偷偷产入宿主巢穴，由于布谷鸟后代的孵化时间比宿主的幼雏更早，孵化的幼雏会本能地破坏同一巢穴中其他的卵（推出巢穴），进而拥有更高的存活率。在某些情况下，宿主也会发现巢穴中的陌生卵。这时，宿主将遗弃该巢穴，并选择其他地方重新筑巢。在与宿主不断生存竞争中，布谷鸟的卵和幼雏的叫声均朝着宿主的方向发展，以对抗宿主不断进化的分辨能力。该算法主要是基于寄生巢更新机理与莱维飞行（Levy fight）搜索原理两个方面，其目的是使用潜在更好的解决方案来代替一般解决方案，使巢穴不断进化至最优解。

在单纯的基准测试函数中，布谷鸟算法比遗传算法和粒子群算法表现出优化结果更好与更快速的特性[87]。其主要优点是参数少、操作简单、随机搜索路径优和寻优能力强等。

为模拟布谷鸟选巢产卵这一生物行为，需要以下三个假设条件即布谷鸟算法基本假设（寄生巢更新机理）：

（1）每只布谷鸟一次只产一个卵，并随机选择寄生巢穴孵化它；

（2）在随机选择的一组寄生巢中，最好的寄生巢将被保留到下一代；

（3）可利用的寄生巢数量是固定的，巢穴原主人发现一个外来鸟蛋的概率为 P_a。

巢穴表示优化问题的一组解决方案。巢穴中的一个卵代表这组解决方案中的一个目标未知量的解，布谷鸟的卵代表一个目标未知量新的解。在单目标优化设计中，每个巢穴只有一个卵表示一个单目标解决方案。当巢穴的原主人发现巢穴中有布谷鸟的卵之后，它将毁掉巢穴并重新建立一个全新的巢穴。即在所有的巢穴中，将会有 P_a 的巢穴重新生成（即生成新的解决方案的概率为 P_a）。

莱维飞行（Levy fight）是布谷鸟算法中的关键步骤。在 20 世纪二三十年代，法国数学家 Levy 研究了 N 个独立同分布的随机变量的和 $X = x_1 + x_2 + \cdots + x_N$ 的概率分布 $P_N(X)$ 与其中的任意一个随机变量的概率分布 $P(x)$ 相同出现的情况，即部分与整体的性质相同的出现情况。满足这个条件的概率分布被叫做 Levy 分布。人们在物理、化学、生物及金融系统中发现了许多以 Levy fight 为形式的反常扩散行为。从物理上看，Levy fight 来源于粒子和周围环境之间的强烈的相互作用。它是以发生长程跳跃为特征的一类具有马尔科夫性质的随机过程，其跳跃长度满足 Levy 分布。在自然界中，动物寻找食物采用随机的方式。一般情况下，动物觅食路径实际上是一个随机游走，因为下一步的行动取决于两个因素，一个是当前的位置（状态），另一个是过渡到下一个位置的概率。

Levy fight 行走的步长满足长尾渐进形式的稳定分布，其分布的二次矩是发散的。在这种形式的行走中，短距离的探索与偶尔较长距离的行走相间。在布谷鸟算法中采用 Levy fight，能扩大搜索范围、增加种群多样性，更容易跳出局部最优点。

布谷鸟算法是具有"生成＋检测"（generate-and-test）的迭代过程的搜索算法，包括 5 个基本要素：参数编码、初始群体设定、适应度函数设计、优化设计操作及算法控制参数的选择（发现概率和步长控制等）。

标准布谷鸟算法的求解流程如下：

（1）分析实际问题，确定参数集编码方式；

（2）初始化种群，生成初始群体，共有 n 个巢穴 X_i（$i = 1, 2, \cdots, n$）；

（3）对种群每个个体进行评价，计算适应度值 F_i（$i = 1, 2, \cdots, n$）；

（4）进行终止条件判断，若满足则跳到第 7 步，否则进入下一步；

（5）采用 Levy fight 生成新的解 new_X_i（$i = 1, 2, \cdots, n$），并且计算新解的适应值 new_F_i（$i = 1, 2, \cdots, n$）。如果 $new\_F_i > F_i$，则用 new_X_i 替换 X_i；

（6）按发现概率 P_a 丢弃差的解，用偏好随机游动产生新的解替代丢弃的解，同时保留最优的解。跳到第 3 步进行继续计算；

（7）输出种群最优适应度巢穴作为问题的满意解或最优解。

布谷鸟算法的具体步骤如图 5-4 所示。

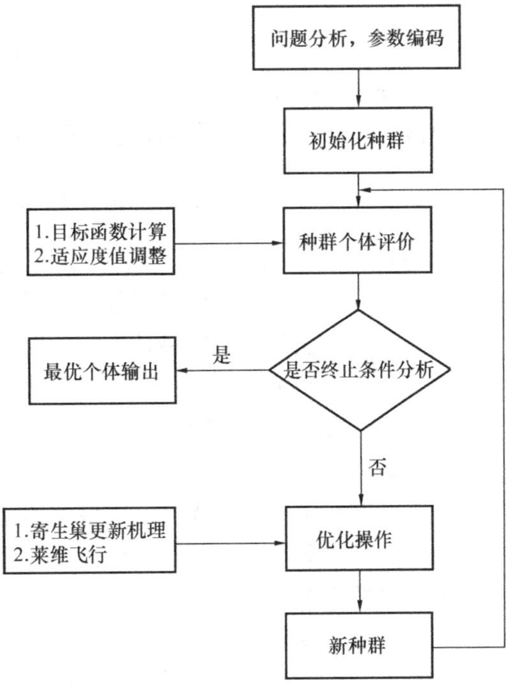

在图 5-4 所示的布谷鸟算法流程图中，存在两个巢穴进化更新的步骤，基本布谷鸟算法中的两个核心更新方式如下：

1. 基于莱维飞行（Levy fight）特征的位置更新

第一个更新步骤是莱维飞行的特征对巢穴的位置进行更新操作，如式（5-20）所示：

$$x_i^{t+1} = x_i^t + (\alpha \oplus Levy(\beta))_i, i = 1, 2, \cdots, n \tag{5-20}$$

式中　x_i^t、x_i^{t+1}——第 i 个巢穴在第 t、$t+1$ 代的位置；

　　　　α——步长控制量，大多数情况下取值为 1；

　　　　$\oplus$——点对点乘法；

　　　　n——巢穴个数，即可行解的个数。

$Levy(\beta)$——步长随机搜索路径，通过式（5-21）计算；

$$Levy(\beta) = 0.01 \frac{\sigma \cdot \mu}{|v|^{\frac{1}{\beta}}} (x_i^t - x_{best}) \tag{5-21}$$

式中　μ、v——通过标准正态分布随机产生的实数；

　　　　x_{best}——目前最佳巢穴位置；

　　　　σ——通过式（5-22）随机产生的实数。

$$\sigma = \left\{ \frac{\Gamma(1+\beta) \times \sin\left(\pi \times \frac{\beta}{2}\right)}{\Gamma\left\{\frac{1+\beta}{2}\right\} \times \beta \times 2^{\frac{\beta-1}{2}}} \right\}^{\frac{1}{\beta}} \tag{5-22}$$

式中　β——控制常数，取值范围 $1 \leqslant \beta \leqslant 3$。

更新步骤如下：首先，通过式（5-20）计算出一个待定的巢穴位置 x_i^{t+1}，并计算其所对应的目标函数适应度值；然后将计算出来的目标函数适应度值与上一代巢穴位置 x_i^t 的目标函数适应度值进行比较，如果待定巢穴位置的目标函数适应度值优于原先位置的目标函数适应值，则用 x_i^{t+1} 替换掉 x_i^t。否则保持不变，即 $x_i^{t+1} = x_i^t$。

2. 基于寄生巢更新机理的位置更新

第二个更新方式是模拟布谷鸟的卵被巢穴原主人发现后，它会抛弃旧巢穴生成新的巢穴的思想和机制。更新步骤如下：首先，产生一个服从 [0, 1] 均匀分布的随机数 r，并与布谷鸟的卵被巢穴主人发现的概率 $P_a \in [0, 1]$ 比较。若 $r < P_a$，则随机产生一个可行解 $xnew$，通过式（5-23）计算。

图 5-4　布谷鸟算法流程图

$$xnew = x_i^t + r(x_i^j - x_i^k) \tag{5-23}$$

式中　　x_i^t, x_i^k——n 个可行解解中任意两组解；

　　　　r——缩放因子，是一个服从 [0，1] 均匀分布的随机数。

如果该可行解的目标函数适应度值要优于 x_i^t，则 $x_i^{t+1} = xnew$，反之不变，即 $x_i^{t+1} = x_i^t$。

5.3.3　调压阀优化设计模型的求解

以布谷鸟算法为核心，利用 Matlab 调用 EPANET 水力模拟软件进行水力计算求解调压阀优化设计问题，分为阀门最佳位置寻优和阀门操作寻优两层。

运用布谷鸟算法计算阀门最佳安装位置时，需要依据以往算法运行的经验，设置初始巢穴个数 n、步长控制量 α、位置参数 β、发现概率 P_a 等。节点服务水压 H_{req}、阀门个数 N_v 等按照实际情况设置。参数编码采用整数编码，初始解为 [1，N]（N 表示管道个数）中的随机整数。初始解经过进化更新后（莱维飞行、巢穴更新），部分解可能会变成非整数，既不符合实际情况，也无法计算该解的适应度值。此时，需要对每一次更新后的解进行整数处理。虚拟阀门为按照管道的流量大小更改管道局部损失系数，ζ_x 为 10000000。目标函数为管网所有节点在一天中剩余压力的平方和的平均值之和最小。经过计算后，获得管网调压阀的最佳安装位置。

根据第一层优化模型的结果，将阀门位置更新至原水力模型中，在此基础上，运用布谷鸟算法计算阀门最佳操作方式，需要根据该算法的参数设置初始巢穴个数设为 n、步长控制量 α、位置参数 β、发现概率 P_a 等。节点服务水压 H_{req}、阀门个数 N_v 等需按照实际情况设置。参数编码采用实数编码，初始解为 [0，1] 之间的随机实数。目标函数为管网漏损最小，压力约束为管网中所有节点压力均在节点服务水压之上 [详见式（5-17）]，优化的结果为阀门在某一时刻最佳操作。由此获得每一个阀门最佳开度的时变化。

5.4　管网压力控制应用案例

以 S 市给水管网作为实例，利用新型的智能优化算法——布谷鸟算法，建立管网调压阀优化模型，该模型是一个双层优化模型，首先确定调压阀的数量、最优安装位置，然后根据上层的结果确定阀门最优操作方式。其中使用 EPANET 水力模拟软件进行水力计算，以布谷鸟算法为核心利用 Matlab 软件编程求解调压阀优化设计问题。结果显示漏损控制效果十分显著，对推动管网压力管理相关理论技术发展，促进我国供水行业技术进步和科学运行管理，贯彻低碳节能、资源节约的社会发展理念，均具有明确的实践意义和理论价值。

5.4.1　管网模型概况

S 市自来水有限公司始建于 1959 年，是 S 市水务集团下属的一家国有独资供水企业，承担着城乡供水管网投资建设、管网维护及自来水销售和服务职能。公司供水区域面积 498km²、服务人口 98 万人、供水用户 35 万户，管网总长约为 3000km，为重力流供水系统，年售水量近 1 亿 m³。近年来，公司主要经济技术指标完成情况较好，水费回收率

99.99％，管网压力综合合格率 100％，管网水质综合合格率 100％。

S 市管网采用重力流供水系统，总水源是在 S 市旁高山上的水厂，通过传输管道与供水管网共有 7 处连接，向管网供水。在建立 S 市管网水力模型时，将这 7 处连接作为管网模型的 7 个水源（包括 5 个传输节点、2 个水库）。管网模型概况及水源分布见图 5-5 所示。

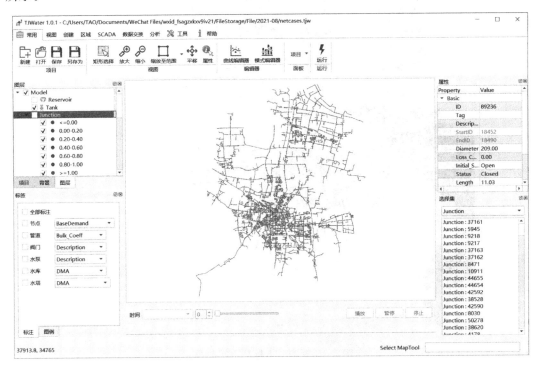

图 5-5　管网模型概况

该管网模型共有节点 48885 个，节点标高的空间分布如图 5-6 所示、节点标高的数值分布如图 5-7 所示。从以上两张图中可以发现，该管网大部分节点标高在 5～6m，东北及西南部分区域的标高超过 6m，中心范围的周边标高低于 5m，部分地区（极少）标高超过 15m，属于地势平坦的管网模型。

该管网模型共有管道 49813 条，管径分布见表 5-2。从表中可以看出该管网模型管道的管径主要分布范围为 DN100～DN300，并且包含 DN100 以下的管径（小区入户管线），说明模型精度较高。

管径分布 表 5-2

管径	长度（m）	百分比（％）
DN100 以下	57059.66	5.30
DN100～DN300	641236.32	59.60
DN300～DN500	279908.52	26.02
DN500～DN700	50874.19	4.73
DN700～DN1000	21977.22	2.04
大于 DN1000	24794.05	2.30
总长度（m）	1075850	

图 5-6　管网节点标高空间分布

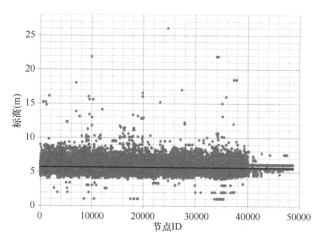

图 5-7　管网节点标高数值分布

　　管网的需水量时变化如图 5-8 所示。从图中可以发现，8:00 左右(管网用水高峰)需水量约为 12000m³/h；14:00 左右（平均时用水）需水量约为 9000m³/h；3:00 左右（管网用水低峰）需水量约为 4000m³/h。该管网模型昼夜需水量相差较大。

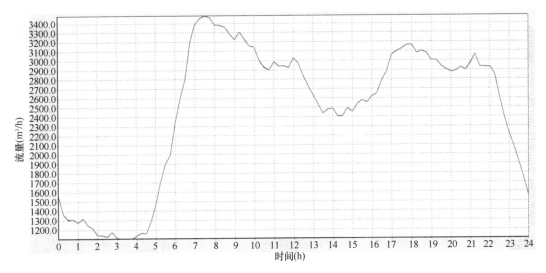

图 5-8　管网需水量时变化图

5.4.2　管网压力调控指标

S 水务公司根据 S 市供水管网运行特征和用水量需求特征，制定了供水压力调控标准，用以规范压力运行管理。管网压力管理指标包括所有压力分区中的各压力监测点的供水压力控制范围，阀门操作使得各个压力监测点的供水压力控制范围满足压力检测点的 24h 分时段压力标准限值。

1. 压力分区中心点压力控制标准曲线

分区中心点压力控制标准曲线是 24h 逐时变化的，并且根据冬夏不同的季节特性，制定了冬夏两条不同的标准曲线，用以作为压力调控标准。

2. 水表流量预测曲线

水表流量预测曲线是根据某一水表的历史数据的变化规律，结合天气、温度等情况，预测出该水表在未来一段时间内的水量变化趋势，帮助调度员提前了解供水量变化趋势，做好调度计划。同时也为水厂优化制水成本提供依据，具体如图 5-9 所示。

3. S 市管网物理漏损计算

根据 S 市自来水公司近几年的漏损水量统计分析，具体漏损比例见表 5-3。从表 5-3 中可以看出，物理漏损占管网漏损总量的大部分。

管网漏损分类　　　　　　　　　　　　　　　　　　　表 5-3

管网漏损量	物理漏损量 70%	市政管网	30%
		小区管网	40%
	计量误差漏损量 25%	表具误差	15%
		漏抄	5%
		水表丢失	5%
	非法用水量 5%	非法接管	3%
		非法装表	2%

图 5-9　管网流量预测曲线

　　S 市管网中管道的历年来漏点类型分布（按暗漏、明漏分类）见表 5-4。表中报漏点指通过用户举报而被动发现的漏点，检出漏点指巡检人员主动发现的漏点，这两类漏点都属于暗漏。明漏指漏水已冒出地面的漏损，多为爆管事件或消火栓未关死等情况。

　　从表中可以看出，随着检测技术的不断完善，主动检出的漏点逐渐增加，并且这些漏点多出现在管径小于 DN100 的管段。2009～2012 年的明漏是减少的趋势，而 2013 年及 2014 年明漏增加的主要原因是因为出现了某些管道上消火栓未关死的情况。

历年漏点类型分布　　　　　　　　　　　　　　　　　表 5-4

年份	报漏点		检出漏点		明漏（处）	合计漏点（个）
	漏点（个）	>DN100	漏点（个）	>DN100		
2014 年	32	32	923	134	167	1122
2013 年	43	43	948	130	224	1215
2012 年	133	51	539	86	21	693
2011 年	210	79	586	141	18	814
2010 年	198	76	536	131	92	826
2009 年	223	73	520	134	59	802

　　S 市的 2014 年漏点情况分布（按管材及漏点形态分类）见表 5-5。

漏点情况分布　　　　　　　　　　　　　　　表 5-5

管材	破损形状	百分比（%）
PVC-U 管	圆洞	11.78
	裂缝	33.45
水泥	裂缝	8.90
钢管、球墨铸铁	圆洞	12.00
	裂缝	33.87

根据表 5-5，同时结合 5.2.1 节单管道漏损量与压力变化关系中的表 5-1，计算管网综合漏损指数。

由于缺少各管材管道详细的破损形状分类，且不同情况下单管道压力漏损关系不明确，故采用加权平均法计算管网综合漏损指数。具体步骤为首先根据表 5-1 计算表 5-5 中的不同漏损情况的漏损指数，裂缝包括纵向裂缝、横向裂缝、腐蚀裂缝，具体数值取范围的平均值，然后加权计算管网综合漏损指数。具体结果见表 5-6，管网的漏损指数为 1.057。

不同漏损情况的漏损指数　　　　　　　　　　　表 5-6

管材	破损形状	百分比（%）	漏损指数	漏损指数（加权）
PVC-U 管	圆洞	11.78	0.524	0.062
	裂缝	33.45	1.0425	0.349
水泥	裂缝	8.90	0.915	0.081
钢管、球墨铸铁	圆洞	12.00	0.518	0.062
	裂缝	33.87	1.485	0.503
综合漏损指数				1.057

根据 5.2.3 节供水管网物理漏损计算中管网漏损计算步骤，计算 S 市管网模型的物理漏损量。S 市产销差率为 5% 以及其中物理漏损量占 70%，同时结合 S 市管网模型的平均时用水量为 9000m³/h，可以计算出该管网的平均漏损量为 $9000 \times 5\% \times 70\% = 315m^3/h$。当漏损系数 α 为 2.3×10^{-4} 时管网在平均时的漏损总量为 315.7m³/h，满足要求。

因此，选用式（5-7）计算管道漏损量，式中漏损系数 α 为 2.3×10^{-4}，漏损指数 β 为 1.057，管网漏损量如图 5-10 所示。

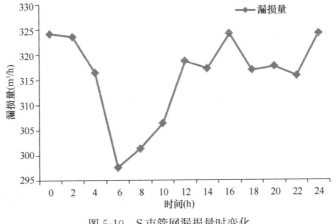

图 5-10　S 市管网漏损量时变化

5.4.3　S市调压阀优化设计

对S市管网进行调压阀优化设计,详细步骤见5.3.2节调压阀优化设计模型建立中的计算步骤。调压阀的数量为4个,其余数量的调压阀优化设计计算方式相同。

1. 最佳阀门位置

对于S市管网案例,运用布谷鸟算法计算阀门最佳安装位置时,依据以往算法运行的经验,初始巢穴个数设为 $n=25$,步长控制量设为 $\alpha=1$,位置参数设为 $\beta=1.5$,发现概率设为 $P_a=0.25$;节点服务水压 H_{req} 取25m;阀门个数 N_v 为4;进化代数 $T=30$。

参数编码采用整数编码。由于该管网模型庞大并且复杂,因此虚拟阀门为将目标管道的粗糙系数设为25来模拟安装阀门的管道水力情况。目标函数为管网所有节点在一天中剩余压力的平方和的平均值之和最小。其余计算过程详见5.3.2节中第一层优化模型。

由于S市管网模型总共有49831条管道,使用本书中的优化方法寻找最佳安装阀门位置时,若将每条管道作为可能的阀门最佳安装位置,则搜索空间有49831处。为了简化计算、提高效率,需要搜索空间预处理,在优化之前对全部管道进行一次筛选,找出较大可能成为最佳安装位置的管道,剔除明显不适合的管道,增加计算效率。

本书所提出的两个关于管道筛选的假设条件如下:

(1) 管径较大的管道拥有较大成为最佳安装位置的可能性;

(2) 流量较大的管道拥有较大成为最佳安装位置的可能性。

因此,根据以上假设,将管道筛选时的管径阈值取 $DN300$,流量阈值为30L/s。即同时满足管径大于 $DN300$、流量大于30L/s的管道作为优化算法的搜索空间。S市管网模型经过管径筛选后,阀门最佳安装位置的搜索空间由49831处减少至2053处,极大地提升了搜索效率。

在筛选后的管段中,计算出该管网有4个调压阀的情况下的阀门最佳安装位置。图5-11为这4个调压阀的最佳安装位置(图中圆圈处),表5-7为阀门安装位置的管道信息。

阀门安装管道信息　　　　　　　　　　　　　　　　　　　表5-7

管道编号	对应阀门	管径(mm)	流量(m³/h)
138090	阀门1	1224	1775.052
173538	阀门2	412.8	127.44
57960	阀门3	985	344.052
66414	阀门4	1021	1964.988

2. 最佳阀门操作

在确定阀门最佳安装位置后,运用布谷鸟算法计算阀门最佳操作方式,依据以往算法运行的经验,初始巢穴个数设为 $n=25$,步长控制量设为 $\alpha=0.01$,位置参数设为 $\beta=1.5$,发现概率设为 $P_a=0.25$,节点服务水压 H_{req} 取25m,阀门个数 N_v 为4。根据第一层优化模型的结果,将阀门位置更新至原水力模型中。

参数编码采用实数编码,初始解为 $[0,1]$ 之间的随机实数。目标函数为管网漏损最小。压力约束为管网中节点平均压力大于节点服务水压,优化的结果为阀门在某一时刻的最佳开度(见图5-12~图5-15)。

图 5-11　4 个调压阀的最佳安装位置

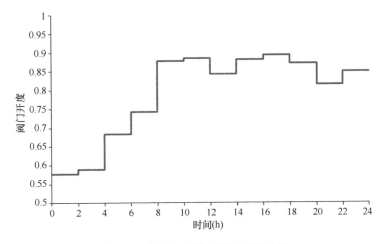

图 5-12　阀门 1 最佳开度时变化曲线

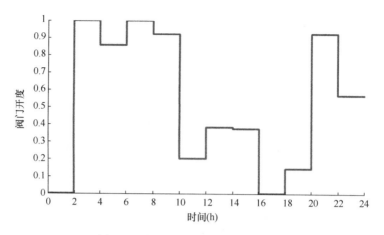

图 5-13　阀门 2 最佳开度时变化曲线

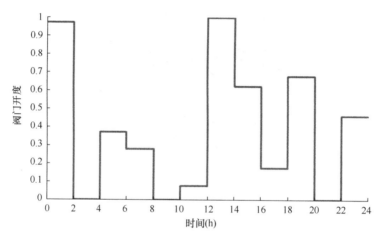

图 5-14　阀门 3 最佳开度时变化曲线

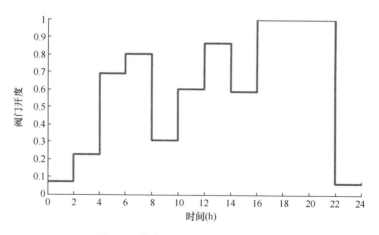

图 5-15　阀门 4 最佳开度时变化曲线

5.4.4　管网压力管理结果分析

图 5-16 为该管网在应用调压阀进行压力管理前后，管网的平均压力随时间变化的对比。从图中可以看出，在经过阀门控制前，管网的平均压力昼夜存在一定的差异。当经过阀门控制后，管网的平均压力在时间上分布较为均匀，基本上每个时段都在设定的节点服务水压 25m 左右。

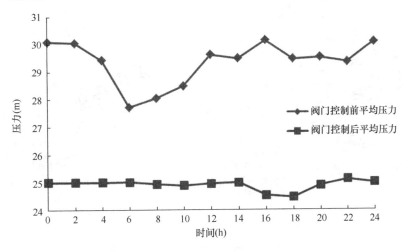

图 5-16　阀门控制前后平均压力对比

图 5-17～图 5-19 分布为管网在低峰时（2：00 左右）、高峰时（8：00 左右）、平均时（14：00 左右）三个时段在阀门控制前后压力空间分布对比图。从图中可以看出经过阀门控制后，该管网不仅整体压力下降并且压力在空间上分布较为平均，降低了管网中相对高压的节点比例。

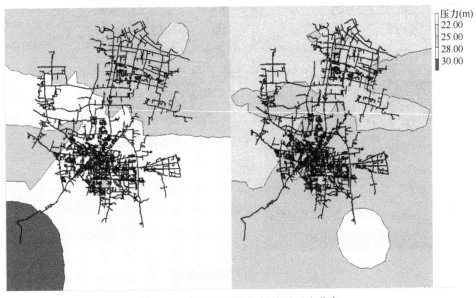

图 5-17　低峰时阀门控制前后压力分布

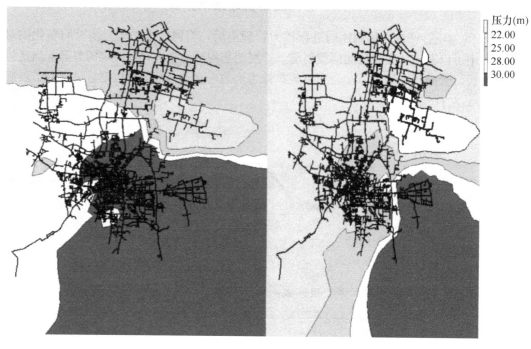

图 5-18　高峰时阀门控制前后压力分布

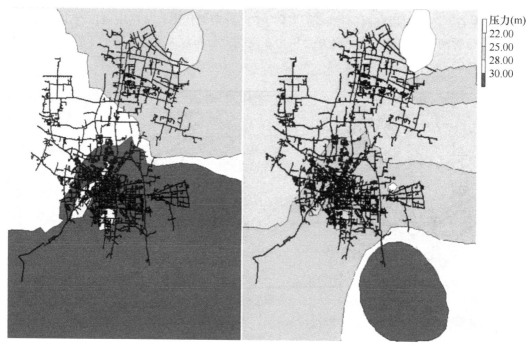

图 5-19　高峰时阀门控制前后压力分布

图 5-20 为该管网经过阀门控制前后漏损量时变化对比，表 5-8 为阀门优化结果综合表。结合图 5-21 和表 5-8 可以发现，对于 S 市这样的大型供水管网，通过 4 个调压阀进行压力管理时，能够在保证用水正常用水的同时尽可能地降低管网剩余压力，并且理论上可在现有漏损率基础上相对比例降低 16％左右。

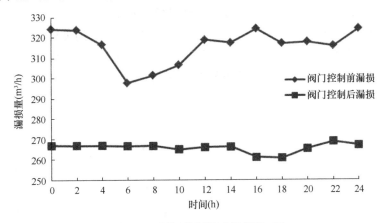

图 5-20　阀门控制前后漏损量对比

4 个调压阀优化控制后的结果　　　　　　　　　　　　　　　表 5-8

时段 (h)	阀门 1 (开度)	阀门 2 (开度)	阀门 3 (开度)	阀门 4 (开度)	漏损量 (m³/h)	无调压 阀漏损 (m³/h)	漏损降低 相对比例 (％)	平均 压力 (m)
0	0.58	0	0.97	0.07	267.01	324.16	17.63	24.99
2	0.59	1	0	0.23	266.9	323.61	17.52	24.99
4	0.68	0.86	0.37	0.69	266.9	316.43	15.65	24.99
6	0.74	1	0.28	0.8	266.6	297.64	10.43	25
8	0.88	0.92	0	0.31	266.77	301.36	11.48	24.93
10	0.88	0.2	0.08	0.6	264.9	306.42	13.55	24.88
12	0.84	0.38	1	0.87	266.04	318.70	16.52	24.95
14	0.88	0.38	0.62	0.59	266.3	317.22	16.05	24.98
16	0.89	0	0.18	1	261.04	324.11	19.46	24.52
18	0.87	0.14	0.68	1	260.59	316.88	17.76	24.46
20	0.81	0.92	0	1	265.37	317.65	16.46	24.89
22	0.85	0.57	0.46	0.07	268.76	315.77	14.89	25.11
24	0.58	0	0.97	0.07	267.01	324.16	17.63	24.99

对比阀门控制前后管网的平均压力及漏损可以发现，通过调压阀进行压力管理，是在保证用户正常用水的前提下，能够有效经济地控制漏损的方法。本书所提出的方法是一种能稳定高效地对调压阀进行优化设计的方法。

此外，将不同数量调压阀优化设计结果对比，对调压阀的数量分别为 5、6、7 个时进行调压阀优化设计，计算出阀门的最佳安装位置及管网平均漏损。

图 5-21、图 5-22、图 5-23 分别为阀门数量在 5、6、7 个时的最佳安装位置（图中圈所示为阀门的安装位置）。对比以上三个图以及图 5-11 可以看出，虽然由于算法的随机性导致某些同一范围内的阀门最佳安装位置不在相同的管段上，但由于模型与实际的差别，在实际管网中属于同一条管段上不同的位置。

图 5-21　5 个阀门时的最佳安装位置

　　此外，随着阀门数量的增加，部分阀门的功能出现重复。例如在图 5-22 中，在中心城区北边的一条管道上存在三个调压阀；中心城区的东部边界上有两个相邻的调压阀。

图 5-22　6 个阀门时的最佳安装位置

　　图 5-24 为 S 市管网经过不同数量的调压阀优化调节后的平均漏损对比，可以看出，管网在经过调压阀优化调节前后，漏损明显降低。随着调压阀数量的增加，漏损降低幅度逐渐减缓。

　　对比以上不同数量的调压阀优化调节的结果，可以发现当选取合适数量的调压阀经过优化设计后，继续增加调压阀的数量对管网降低漏损收益甚微。

图 5-23 7 个阀门时的最佳安装位置

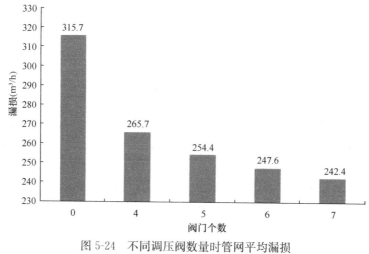

图 5-24 不同调压阀数量时管网平均漏损

5.5　本　章　小　结

本章针对供水管网提出了一种通过减压阀进行压力管理降低漏损的技术方法，利用 Matlab 编程调用管网水力分析软件，以布谷鸟算法为核心，建立双层优化模型，实现供水管网调压阀优化设计分析，并将提出的管网中调压阀优化设计方法运用到 S 市管网模型中。主要对单管道漏损量与压力变化的关系、管网物理漏损计算方法、调压阀的最佳位置与操作三方面进行研究，主要得到以下几个结论：

（1）通过现场试验的方式，能够得出在不同情况下（管道破损形状、管材等影响因素）下漏损指数 β 的取值范围。结合管网现状及漏损情况，可以得出管网综合漏损指数 β。结合 S 市管网特性和历史漏损数据推算出合适的漏损系数 α 与漏损指数 β，进行管网物理漏损计算。

（2）对于存在某些节点压力为负压或压力较低情况的管网模型，利用本书提出的压力驱动方法能够使模型提升精度，更符合实际情况。

（3）通过调压阀进行压力管理，可以有效地在保证用户正常用水压力的同时，优化管网压力，达到降低管网漏损的目的。对比管网安装调压阀前后的节点压力及漏损量，发现该方法是一种经济有效地控制漏损的方法。

（4）对管网模型中所有管道进行筛选以及选用布谷鸟优化算法可以有效提升优化设计调压阀的效率，从而使得调压阀优化设计的方法能够运用在大型管网中。

（5）通过对 S 市给水管网系统的优化结果中阀门位置的对比发现，当管道长度与管径满足一定标准后（例如管径大于 $DN300$），管道在管网中拓扑位置的重要性才是决定该管道是否为最佳阀门安装位置的关键。

（6）对比不同数量的调压阀优化调节的结果，可以发现当选取合适数量的调压阀经过优化设计后，继续增加调压阀的数量对管网降低漏损收益甚微。

对于单管压力与漏损量关系的研究，在确定漏损指数时，仅考虑了破损形态及管材的影响，没有结合管道回填土的疏水性、用水模式等因素进行分析。此外，在结合管网历史漏损资料推算漏损系数的方法中，存在不合实际的地方。因此，有必要进一步探讨如何提出一套系统的方法，该方法能够应对不同管网找出适合此管网的精确的压力与漏损的关系；本章着眼于调压阀的优化设计，在建立管网漏损计算模型时进行了简化。所提出的三个假设与实际情况相差较远，导致管网漏损量统计并不精确，因此对于如何建立一个精确、简单的管网漏损计算模型有待进一步探讨。综上，由于本章提出的对管网中阀门优化设计的方法存在较多缺陷，所以该方法计算出来的最优解不一定是理论中的最优解。但是该方法可以作为解决管网中调压阀的安装位置及操作问题的一个参考办法。本章的优化方法选用调压阀门中的流量控制阀（FCV）作为研究对象，但此方法可以推广至其他类型的调压阀门，如节流控制阀（TCV）等。

第6章 供水管网检漏技术及设备

6.1 漏水声的声波范围及传播特征

随着现代信号处理方法的发展，基于声信号处理原理的相关检测法广泛应用于供水管网管道的泄漏检测及定位中。声信号处理依据时延估计方法获取管道疑似泄漏点两侧传感器检测信号的时延信息，漏点的位置通过结合管道传感器间的距离和泄漏声信号在水体中的传播速度实现定位。

6.1.1 泄漏噪声的产生

供水管道的任务是将供水输送到用户，满足居民的基本需要。当供水管道发生漏水时，喷出管道的水与漏口边缘发生摩擦，或与周围介质产生撞击，导致不同频率/振幅振动的产生，从而引发漏水声波。实际供水管道泄漏产生的噪声种类繁多且机理复杂，泄漏噪声产生的具体原因有以下五种：

（1）管道泄漏时，由于管道内外压差的作用，管道内水体向外喷射过程中与管道裂口处发生相互摩擦振动，从而产生喷射声；

（2）管道内水体喷射出管道后，冲击管道周围土壤、石块等介质引发的振动声；

（3）管道内液体喷射出管道后，冲击管道周围的空隙处所引起的水流回旋式振动声；

（4）由于液体的喷射作用导致管道周围介质的相互碰撞而产生的介质碰撞声；

（5）振动声信号引起的管道其他部位的附加振动等。

6.1.2 泄漏的原因及现象

1. 泄漏的原因

我国城市供水管网空间分布复杂、分支多、节点多，从而导致管道漏损原因复杂，可大致分为管道本身属性原因及管道外部影响因素两方面。

管道本身属性即管网拓扑结构，管材、管龄、管长等均是可能引起漏损的因素。管道本身属性导致的漏损多发生在管道的接口处或者压力不均等管段薄弱位置，或由于管龄过长引起的金属管道腐蚀变脆，以及阀门锈蚀导致密封性较差引起漏损等。

管道外部影响因素主要包括设计、施工、运营、外界环境等。如，管网设计不合理导致的压力分布不均匀；施工不当致使管道坡度较大或接口质量不达标；管网运行操作不当引发水量、水压骤变；外界环境剧烈变化引起的伸缩变形等。

供水管道产生泄漏的原因具体可分为管材质量、施工质量、应力作用、环境腐蚀四类。

（1）管材质量

不同供水管道的供水负荷差异大，管道材质不同，易产生由于封闭不严导致的管道局部损坏。

（2）施工质量

管道接口焊接不正、局部未焊透以及管道间承插式接口处施工不当等施工质量问题，在外部因素作用下均易引发管道泄漏。

（3）应力作用

由于地质沉降或供水管道上方地面承受的载荷过大，管道因局部挠度过大发生断裂导致的管道泄漏。

（4）环境腐蚀

供水管道埋设时间长，管道因长期遭受土壤中酸性或碱性介质的腐蚀而易产生局部穿孔导致的管道泄漏。

2. 泄漏的现象

供水管道长期埋设于地下，常见的泄漏现象包括：（1）地面渗水/下水道淌清水；（2）路（地）面隆起和塌陷；（3）水表不停转动、补水量大、管道压力不足；（4）小河流附近有回流水；（5）冬天局部地面积雪早融、局部植被异常繁茂等。

6.1.3　漏水声的传播特性

管道中的水是泄漏噪声传播的主要媒质，管壁是将流体中的声波转换成结构振动的媒介。供水管道漏水噪声主要有三种传播途径：经土壤传播、经管道中的流体传播以及经管壁传播。

1. 泄漏口振动声：当供水管道发生泄漏时，管道内水体在内外压差的作用下从泄漏口喷出，与弹性管壁相互作用诱发振动，产生泄漏口振动声；

2. 水头撞击声：泄漏口喷射出的水流与管道周围埋设的介质发生撞击，产生水头撞击声；

3. 介质摩擦声：喷射的水流带动周围介质中的石粒、沙粒相互碰撞并与管壁发生摩擦，产生介质摩擦声。

泄漏口振动声主要通过管内流体和管壁传播，可采用带有磁性基座的传感器吸附在管壁上采集信号，是目前管道泄漏检测定位的重要研究对象之一。水头撞击声和介质摩擦声主要通过地面传播，极少部分在管道内水体和管壁中传播，频率范围普遍为 $20\sim300Hz$，水头撞击声和介质摩擦声难以采集用于检测管道漏损的定位分析。表 6-1 为管道泄漏噪声分类情况。

泄漏噪声分类

表 6-1

序号	类型	产生原因	频率	传播方向	检测方式	检测仪器
1	泄漏口振动声	喷出管道的水与漏口边缘摩擦产生的漏水声波	$100\sim2500Hz$	沿管道以指数规律衰减向远方传播，传播距离通常与水压、管材、管径、接口、漏口尺寸等有关	可在闸门、消火栓等暴露点听测到漏水声波	区域漏水噪声监测仪、相关仪、多探头相关仪探测等

序号	类型	产生原因	频率	传播方向	检测方式	检测仪器
2	水头撞击声	喷出管道的水与周围介质撞击产生的漏水声波	频率较低	以漏斗形式通过土壤向地面扩散，或以球面波向地面传播	可在地面用听漏仪听测到	电子放大检漏仪等
3	水流与介质摩擦声	喷出管道的水带动周围粒子（如土粒、沙粒等）流动并相互碰撞摩擦产生的漏水声波	频率较低	—	通常在地面听不到，只有把听音杆插到地下漏口附近时可听测到，为漏点最终确认提供了依据	听音杆等

1. 漏水声在土壤/路面中的传播特性

漏水声在介质的传播过程中，其动能会因受到摩擦而转化为部分热能，介质吸收动能的程度与频率密切相关，漏水声频率越高，动能损耗越大，所以高频的漏水声衰减远快于低频漏水声衰减。在供水管网检漏中，管道漏水点的正上方高频成分最强，强度随距离逐渐减弱。

对于介质而言，砂土易渗水，传声较好，漏水声较易被测听；黏土含水率大，传声较差，漏水声不易被测听；草地软，有减振效果，不宜直接放置检测设备测听；过于坚实的路面隔声太强会减弱振动，漏水声不易被测听；较薄的沥青路面可均匀传声，管道泄漏易被测听定位；薄水泥路面亦有较好的传声效果，但易形成薄壳共振，扩大声响区域，对漏点定位不利。漏水声在固体介质中的传播特性有以下三点：

（1）漏水声频率越高信号衰减越快，频率高于 800Hz 时尤为明显；

（2）信号衰减率与管道的埋设深度成正比；

（3）漏水声到达地面的频率范围一般处于 70～800Hz。

2. 漏水声在管道中的传播特性

不同管材的漏水声传播速度存在很大差异，如图 6-1 所示。管材影响漏水噪声的振动频率从高至低分别为钢管、铸铁管、塑料管，钢管和铸铁管漏水噪声振动频率集中在 0～4Hz；塑料管振动频率集中在 0～1Hz。此外，供水管道中水体流速较大，易在管网急转弯或变径处对管道弯头/接头产生冲击从而引发振动；管道漏点附近存在三通/拐弯等可能会产生附加振动，且三通/拐弯导致的信号峰值较大，部分拐点产生的附加振动会高于漏点。漏水声在管道中的衰减有以下特性。

（1）衰减率因管材存在差异，且于漏水距离成反比，衰减率在高频段衰减尤为明显，从低至高依次为塑料管、铸铁管、钢管；

（2）管径越大衰减率越大，水压越

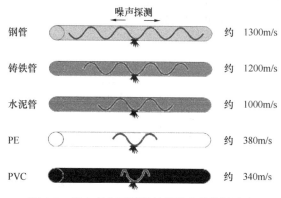

图 6-1　漏水声在不同管材管道中的传播速度

高漏水噪声越大；

（3）三通管或直角弯管的功率谱密度衰减较少，四通管衰减显著；

（4）管材硬度越高，传播速度越快。

6.1.4　漏水相似干扰声

漏水相似声是与漏水声相似的声音，在检测管道漏水的过程中，易干扰检漏人员导致错误的漏水点判断。漏水相似干扰声包括管道内流水声、用水声、下水声、风声、电力回路声、汽车行驶声、环境噪声等。

1. 管道内流水声：水体流经供水管道时与管道、阀门等凸起物接触摩擦而形成的一种振动音。声音在供水管道内以一定的频率传播，管道内流水声在阀门半开的情况下与管道漏水声相似。管道内流水声与漏水声可辨别，在管道检测漏点前，需检查阀门的打开状态。

2. 用水声：当用水量过大时产生，与漏水声可辨别，需检漏人员注意。

3. 下水声：水体流动或流入检查井时的声音，常见于供水管道周围，频率范围一般为 $50 \sim 2000\mathrm{Hz}$，易干扰路面听音效果，与漏水声可辨别，需检漏人员注意。

4. 风声：仪器探头、连接线等在室外有风条件下产生的 $500 \sim 800\mathrm{Hz}$ 低频音，与漏水声相似，可辨别，注意检漏过程中应避免在大风时进行。

5. 电力回路声：地下电缆、高架变压器、路灯等电力设备产生的 $300\mathrm{Hz}$ 以下的低周波回路声，与漏水声相似。

6. 汽车行驶声：轮胎与地面摩擦产生的噪声，车速较快与漏水声较好辨认，车速较慢时，会产生 $1 \sim 2\mathrm{kHz}$ 的轮胎摩擦声，与漏水声相似。

7. 环境噪声：噪声频率大多在 $0.4 \sim 2.0\mathrm{kHz}$，与漏水声频率相近，是测漏过程中最难排除的噪声，在检漏过程中注意选择安静的环境。

6.2　检漏方法、步骤及模式

6.2.1　检　漏　方　法

供水管道或附件漏水产生的声音可帮助检漏人员检测、定位漏点。供水管道检漏方法可分为声学检漏法和非声学检漏法两种。

1. 声学检漏方法

根据供水管网中声信号的产生和传播规律，对管道漏点声信号进行检测分析，可判断管道漏点位置。声学检漏方法的主要优点包括路面无损检测，不需要开挖路面，不影响交通等。

（1）阀栓听音法

阀栓听音法是一种使用听漏棒或电子放大听漏仪作用在管道暴露点（如消火栓、阀门及暴露的管道等），检测由漏水点产生的漏水声来确定漏水管道的方法。金属管道漏水声频率范围为 $300 \sim 2500\mathrm{Hz}$，非金属管道漏水声频率范围为 $100 \sim 700\mathrm{Hz}$。听测点距漏水点位置越近，听测到漏水声越大；反之，越小。常用的检漏仪器有机械式听音杆、电子式检漏仪等。

阀栓听音法的主要特点是漏水声波经检漏仪器触杆传到人耳或耳机中，音质单纯，无杂音，易分辨且强度变化明显。

（2）地面听音法

地面听音法是在确定漏水管段的基础上，在地面听测（常使用电子放大听漏仪/智能数字滤波检漏仪）地下管道漏水点，进行管段漏点精确定位的方法。地面听音法在实施过程中，在供水管道正上方按S形路径沿管道逐点听测，地面拾音器靠近漏水点时，听测得到的漏水声越强。通过比较拾音器噪声频率和强度变化，确认噪声异常位置。拾音器放置间距与管材相关，金属管道间距一般为1～2m，非金属管道间距一般为0.5～1m，水泥路面间距一般为1～2m，土路面一般为0.5m。

地面听音法主要特点是受环境噪声影响明显，一般在夜间工作。

（3）噪声自动监测法

噪声自动监测法是一种利用声波接收系统进行管道漏损监测的方法。在使用中，将若干个泄漏噪声记录仪放置在管网中管道暴露点位置（阀门、消防栓等），设置泄漏噪声记录仪自动启动时间（一般设在用户用水少的时间，如夜间2:00～4:00），通过无线通信方式收集记录结果，并通过专用软件在计算机上进行处理，从而快速探测装有记录仪的管网区域内是否存在漏水。人耳通常能听到30dB以上的漏水声，而泄漏噪声记录仪可探测到10dB以上的漏水声。

噪声自动监测法可进行大面积供水管网漏水监测。与听漏棒需要依靠检漏人员的工作经验相比，由于软件技术的发展，该方法一般交由计算机系统自动完成，而不需要专业人员的经验知识。

（4）钻探检漏法

钻探检漏法是一种辅助精确精定位漏点的手段的方法。当路面听音进行完毕，确定供水管道异常点后，用管线定位仪定准异常点附近管线，使用路面钻孔机打穿路面硬质层，用勘探棒打入直至供水管道顶部，然后利用听音杆直接接触管体听音，如图6-2所示。

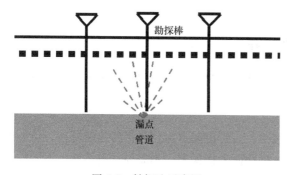

图6-2　钻探法示意图

（5）相关检漏法

相关检漏法利用沿供水管道传播的泄漏声波对漏点定位。在使用中，通过接收安装在管道上的传感器采集得到的噪声信号，自动进行相关分析计算，得出漏点距传感器的距离，如图6-3所示。相关仪检漏不受管道埋深的影响，具有较强抑制不相关噪声和干扰的能力。常用仪器有数字型漏水噪声相关仪、紫侠相关仪等。

相关检漏法的特点：1）操作简便；2）人为影响小，测量结果准确可靠；3）抗干扰能力强，白天可以工作；4）不受供水管道埋深限制。基于相关检漏法的特点，可用于白天检测漏点，以及深埋管段或常有噪声干扰的管段。

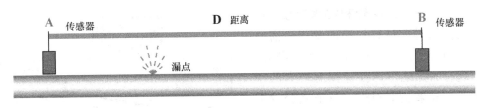

图 6-3　相关测试示意图

2. 非声学检漏方法

（1）示踪剂检漏法

示踪剂检漏法是将密度小、黏滞性小、渗透性强、扩散速度快且无毒、难溶于水的物质用于管道泄漏检测。普遍使用气体示踪剂进行检测：1）将示踪剂通过消防栓注入一段被隔离开的管道中；2）示踪气体轻于空气，可从管道泄漏处逸出后通过土壤渗透到地面；3）使用高灵敏气体检测仪探测管道上方的地面有无气体，即可确定泄漏位置，如图 6-4 所示。示踪剂检漏法可以检测到非常小的管道漏损。需要注意的是由于示踪气体加压充入供水管道后需经过气体在管道中的扩散过程，且气体从管道泄漏处泄出需经过土层，因此气体逸出地面的位置不一定在管道泄漏点的正上方。

示踪法检漏法价格高、设备多、操作复杂，限制条件多，因此在实际工程中使用受限制。示踪剂检漏法的主要缺点是由于气体不能够从管道下方溢出，因此该方法只能检测管道上方的漏损，而无法用于管道下方漏损的检测。

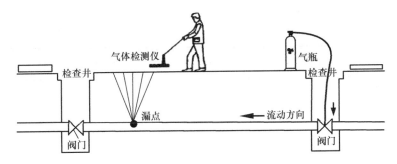

图 6-4　示踪剂检漏法在地下管道中的应用

（2）探地雷达检漏法

探地雷达法可于探测地下目标的几何和物理性质，具有高效、无损、分辨率高的特点。探地雷达工作原理是利用天线向地面发射高频率电磁波，电磁波在介质表面产生折射和反射，根据电磁波反射回地面的一些特征来推断地下介质的结构，实现对表层下目标的探测。管道渗漏后水与周围土壤混合和后其电磁参数与原状土壤层间具有很大差异，可用于地下管线无损探测，如图 6-5 所示。

采用探地雷达法进行供水管道检漏时，传输和记录装置应预先安装在管道表上，发射电磁波到土壤中，并记录发射波和反射波的时间差，用以确定反射面离地表的位置。探地雷达法确定管道漏水有两种方式：一种是通过管道漏水喷射所形成的泥土空洞；另一种是通过管道漏水所造成的土壤电解质的变化，用于地形比较复杂的环境，准确度较高。

探地雷达检漏法受到天气、季节、地质条件、探测目标等的影响，在实际工程应用中要根据情况选择系统配置和雷达参数。探地雷达的使用对人员有较高的要求，需要较高的专业知识水平和丰富的施工经验。目前，现有的探地雷达仅能探测较大的空洞、水包，效果还不理想，尚未充分发挥作用，且成本较高。

（3）红外成像检漏法

自然界的物体都辐射红外线，温度不同的物体辐射的红外线强弱不同，因此可利用红外线探测目标物的温度和热场分布。红外成像检漏法利用漏水引发红外辐射局部变化（温度效应），利用频率介于无线电波和可见光之间的红外线进行管道漏点检测。

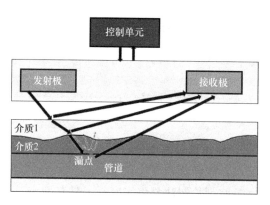

图 6-5　探地雷达原理示意图

供水管道中水体与周围环境存在显著温差，红外成像检测运用光电技术检测物体辐射的红外线特定波段信号，将该信号转换成可供人类视觉分辨的图像和图形，地下发生漏水时，泄漏出来的水体会改变周围土壤的特性，因此可以利用红外成像仪检测管道周围特性（如温度）变化，从而判断管道情况，如图 6-6 所示。红外成像检漏法适用于夜间工作，检测所需设备庞大，宜采用车载方式沿供水管线移动检测。

地下排水、积水状况等因素均可导致红外成像检漏法的偏差，因此该方法的应用受到限制。

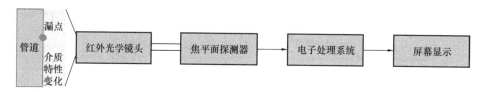

图 6-6　红外成像检漏原理图

（4）压力波检漏法

供水管道泄漏的瞬间，漏点可引起明显的压力降，形成沿管道向两端传递的压降（"压力波"或"负压波"）。供水管道中压力波（负压波）是一种由泄漏引起物质损失导致故障场所的流体密度减小压力下降的现象，产生的原因是由于流体的连续性，管道中的水体无法立即改变流速，水体在管道泄漏点和相邻的两边区域之间的压力差导致水体从上下游区域向泄漏区填充，从而引起与泄漏区相邻的区域密度和压力的降低。压力波的传播速度是声波在管道水体中的传播速度。

压力波检漏法将管壁视作波导管，安装于管道内的压力传感器接收压力波信号，捕捉管道泄漏时引起的负压波；漏损位置通过监测供水管道内的负压波及其在上下游的传播时间确定；服务器实时获取传感器的压力信号，利用两端传感器接收到压力波的时间差，计算泄漏位置，如图 6-7 所示。利用压力波检漏法精确漏点定位时，需借助相关分析法，管道内负压波波速等方法。

压力波检漏法对供水管道突发性泄漏较敏感，对缓慢增大的管道渗漏不敏感。

（5）区域普查及漏点定位法

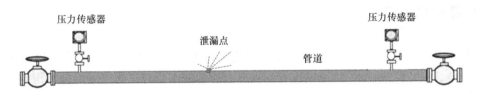

图 6-7　压力波检漏法示意图

区域普查及漏点定位法是通过对调查区域分区，并在分区基础上利用高精度的流量计/水表来测定管网漏点和漏水量的一种方法。区域普查及漏点定位法实施流程如下：1）确定调查分区，关闭与某一区域相通的全部阀门，开启配有水表/流量计的进水管阀门，进行单一区域供水；2）如水表/流量计显示有较大且稳定流量，测定区域内可能存在漏水，可估计区域漏水量；3）结合漏点检测设备（如多探头相关仪）确定管道漏损位置；4）软件自动建立模拟管网图，可快速搜索得到管网中漏点的大体位置，输入管道参数进行关联可得出漏点的准确位置。

区域普查及漏点定位法适用于允许在短期停水，且区域内管网阀门性能良好，适合单管进水的区域。结合漏点检测设备，区域普查及漏点定位法可一次完成区域泄漏普查和漏点精确定位，并可确定多个漏点。

6.2.2　常规检漏步骤

1. 漏水点预定位

漏水点预定位是通过听漏棒、噪声自动记录仪等来探测供水管道漏水的方法。根据操作过程中使用仪器的差异，预定位技术主要包括观察法、压力/流量法、听音法、压力/流量法和噪声自动监测法等。

（1）观察法

通过观察是否存在由于供水管道漏水导致管道周围土壤含水量大、内聚力降低，出现地面沉陷的现象。

（2）阀栓听音法

使用听漏棒或电子放大听漏仪作用在供水管道表露点听测漏水声，缩小漏水检测范围。听测点距管道漏水点位置越近，听测到漏水声越大；反之，越小。

（3）压力/流量法

使用压力/流量计测量区域的压力/流量，得到压力条件下的漏水量。存在漏水时，可通过区域阀门的依此关启，发现管段漏水，并根据漏点前后管线内压力的变化分析漏点位置，一般适用于大漏量的泄漏检测。

（4）噪声自动监测法

噪声自动监测法是一个整体化声波接收系统，由多台数据记录仪和一台控制器组成。1）记录仪放在供水管网的不同位置，如管道表露点；2）按预设时间同时自动开关管道各处的数据记录仪，记录漏水声信号；3）漏水声信号经数字化处理后自动存入记录仪中，通过软件处置，达到快速探测区域漏水的目的。数据记录仪放置间距与管材、管径等情况相关。

2. 漏水点精定位

（1）地面听音法

用电子放大听漏仪在管道上方地面听测地下管道的漏水点。听测方式是根据管道走向，以一定间距逐点听测，当地面拾音器越靠近管道漏水点时，听测到的漏水声越强，管道漏水点的正上方听测得到的漏水声最大。

（2）相关测试法

相关测试法利用声波的相关特性和传播特性，可快速、有效、精准地确定地下管道漏点的位置，是漏水点确认和定位的重要方法，定位误差小于1m。适用于环境干扰噪声大、管道埋设深，不适宜用地面听漏法的区域。

（3）钻孔＋地钎法

确定管道泄漏位置后，利用管线定位仪定位管道位置，探测周围管线情况；后用路面钻孔机打穿路面硬质层，并利用勘探棒打入直至管道的顶部。

3. 漏水声检测不出的情况

大部分管道漏水可通过检漏设备检测，但依然存在实际出现漏损但漏水声未能检出的情况，存在漏水声不被检出的情况可分为以下六种：

（1）供水管道埋设过深，漏水声能量被管道四周的泥土吸收；

（2）管道漏口被水体（水流、水塘等）淹没，漏水声能量被水体吸收；

（3）水压太低，导致管道漏口产生的漏水声微弱，难以检测；

（4）管道漏口附近有管道隔声设施；

（5）当管道接口处出现渗漏，几乎无漏水声；

（6）地面上有建筑物或堆积物，不具备漏损检测条件。

对于以上由于漏水声不能传到地面的漏点检测，推荐使用相关仪测试检测，可快速准确地定位管道漏点。

4. 供水管道检漏过程中应注意的问题

在现场检漏前，首先需要核实地下管线的实际走向、材质、管径、埋深、水压及使用年限，选择适用的检漏设备/工具。同时，在检漏施工过程中应注意如下情况：

（1）施工前应点明火验证多年未开启的井，确保井中无毒气后方可下井操作；

（2）注意交通安全，放置警示牌，检测人员应穿着警示背心；

（3）推荐采用打地钎确定漏点附近的管线情况；

（4）注意保持拾音器/传感器与测试点接触的良好性。

6.2.3 检漏模式的优化与创新

先进的检漏仪器、检测方法以及具备职业能力的探测组织和队伍是有效控制供水管网漏损的必要条件。

1. 区域检漏二级管理与班长负责制

在供水检漏的管理方式中，可根据供水管网实际情况、区域漏损情况，采用人员分派的检漏区域二级管理模式。人员分派是由资质雄厚的总部检漏部门分派检漏工至具体管网辖区常驻，检漏人员属于总部，但工作在各管网辖区，且不同辖区的检漏人员根据实际漏损情况进行流动。

总部管理：二级管理模式可以加大对区域的检漏频度和强度，有利于总部对区域工况复杂及重要管段的漏损情况控制，可在兼顾大范围管网的基础上着重重点检漏区域的排查。

分辖区管理：可根据区域内的管线情况，利用总部实际经验丰富的人员对辖区内区域管线进行摸排检漏，从而加大区域管线的检漏力度和质量，有利于辖区及时掌握、控制管网漏损状况，减少漏出水量，降低漏损率。

检漏的班长负责制是一个班组负责一个区域的检漏工作，实行班长负责制，班组年度轮换，目的是实现班组人员对负责管辖区域管线的关注焦点的轮换，区域年漏损控制情况与负责班组全体成员的年终漏损考核挂钩。

区域检漏二级管理与班长负责制的优势在于：

（1）人员轮换制的二级管理模式可加强检漏人员对供水管网区域整体管线的熟悉程度；

（2）对供水管网可能存在的"养漏"行为有较好的制约效果；

（3）具有班组责任制的二级管理模式可提高区域管线安全预警能力。

2. 工作例会制

工作日每天召开区域漏损管理班组例会，统筹当日的巡检排查线路，了解前日巡检中的问题，强调突发事项的注意点。每周召开各分区域漏损班长例会；每月召开全总部漏损例会。例会制度的目的在于规范化地传达漏损状况，高效交流漏损经验。

3. 冬季检漏模式

针对冬季气温低、管道漏损突增的现象，总部和辖区需根据历年的实际情况有针对性地制定负责辖区管网的冬季检漏模式，通过制定切实可行的检漏人员奖励制度，促进检漏班组在冬季巡检的积极性。

4. 科研小组机制

鼓励总部检漏部和辖区管网巡查骨干人员每年申报管道检漏相关攻关项目，形成科研小组机制。根据科研内容和技术需要，深入实际工程调研实践，安排技术交流，达到提高人员的业务能力、攻克检漏难题的目的。

5. 加强检漏人员的培训

检漏是一项综合性工作，在保障检漏仪器多样性的基础上，检漏人员的能力培养尤为重要，需加强对检漏人员的专业能力培训，提高检漏人员的积极性和专业技能，同时更要培养检漏人员思想品质、刻苦钻研、吃苦耐劳的敬业精神。

总之，供水管道漏水复杂，需要综合各类检漏仪器、检漏人员经验以及其他辅助手段去判断，才可取得最佳的漏损控制效果。

6.3　仪器设备配置

每种检漏仪均有其独特的特点、性能及使用范围。

6.3.1　常规检漏设备

比较传统的检漏设备有听音杆、听漏仪、相关检漏仪等，这些设备的使用方法经过实践的考验，已经相对成熟。

1. 电子/机械听音杆

电子/机械听音杆是漏水检测的基本工具，也是最经济实用的一种工具，内置振动单元包含一个黄铜弹簧，弹簧通过谐振腔将振动波传到操作人员耳朵，如图 6-8 所示。使用电子/机械听音杆检测管道漏水的流程包括：（1）确定管道暴露点；（2）在环境及外界噪声相对较小的时间段（一般在夜里）用听音杆的杆尖接触管道的暴露点；（3）检测人员的耳朵紧贴听筒，如附近的管道存在漏水点，则漏水噪声沿着管壁传递到杆尖，再传至杆身，后经振动膜和听筒把音量扩大，可听到距离较远地方且音量较小的漏水点。

用听音杆听测漏点取决于供水管道材质以及漏水噪声音频高低。钢管和铸铁管传音较好，可听距离较远；水泥管和塑料管是声音传播的不良导体，检漏距离近。

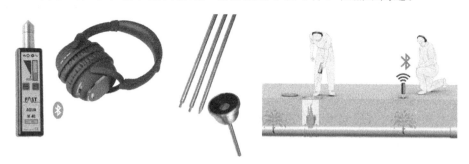

图 6-8　电子/机械听音杆

电子/机械听音杆特点：
（1）声感灵敏、传递声波及振动波过程无衰减；
（2）自身无噪声、无需电源；
（3）高质量材料制成，防振、防腐；
（4）轻便小巧，便于长时间检漏；
（5）多节传音杆连接组成，可听测埋设深度较深的管道。

2. 听漏仪

听漏仪（电子听漏仪）是一种利用漏水噪声原理工作的仪器，由传感器和放大器组成，能将微弱的声音转换成电信号，通过地面听音的方法判断供水管道漏点位置，如图 6-9 所示。所有材质的供水管道均可使用听漏仪进行漏点定位，适用于供水管道压力3kg 及管道埋深 4m 范围以内。由于听漏仪从地面捕捉管道漏水声，易受土壤、路面等介质声学性质的影响，此外城市环境中存在的各种强烈干扰噪声亦会导致听漏仪无法使用。

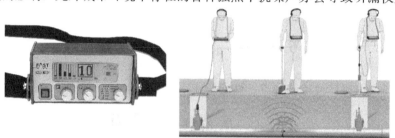

图 6-9　听漏仪及原理

听漏仪的特点：

（1）通过阀门、消防栓等可与管道接触处进行电子听音预定位；

（2）地面听音准确定位。

3. 智能相关仪

智能相关仪是一类有效的供水管道检漏仪器，适用于环境干扰噪声大、管道埋设深或不适宜用地面听漏法的区域。在软件的帮助下，可通过管道长度、管材、管径等管道属性参数的搜寻，快速准确地计算出地下管道漏水点的精确位置。

智能相关仪系统包含主机、高灵敏度振动传感器、无线电发射机和耳机，如图6-10所示。在智能相关仪的使用中，（1）把两个传感器分别放置在同一管道两个暴露点上，传感器间距和管径、材质有关（一般控制在200m左右）；（2）当管道存在漏水情况时，漏口处产生漏水声波；（3）漏水声波沿供水管道向远处传播，当漏水声波传到不同传感器时会产生时间差；（4）漏水点距传感器的距离通过两个传感器之间管道的实际长度和声波在该管道的传播速度计算。相较于听音杆和常见的漏水检测仪，相关仪的测试速度快、精度高且不受管道埋深的影响。

在管道漏水检测中，非金属管道（PE管道、PVC管道等）的传声效果差，漏点定位难，特别在漏量较小时，用路面听音等方法不易检测到管道漏点位置，而智能相关仪可在较短的时间内准确找到漏点位置，明显缩短漏水检测时间。

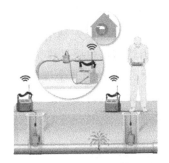

图6-10 智能相关仪检漏仪

智能相关仪检漏仪特点为：

（1）可用于非金属管道，较小漏量漏点的定位；

（2）精准漏点定位；

（3）漏点位置显示。

6.3.2 新型检漏设备

随着科技的发展，越来越多的新型检漏设备进入供水管道检漏使用中，下面对新型的检漏设备进行简要介绍。

1. 金属井盖探测仪

金属井盖探测仪包括探头电路、相敏检波电路、数据采集及数字信号处理电路、控制电路。金属井盖探测仪利用数字信号处理技术，从频域上分析金属相位特性，将地面干扰、金属目标、外界电磁干扰等分为低频、中频和高频信号，并通过频谱分析，取其目标中频信号为金属相位特性，可从原理上消除地面和外界电磁的干扰，是一种外观坚实耐用

图 6-11　金属井盖探测仪

且易于使用的金属探测仪器，如图 6-11 所示。目前常用的金属井盖探测仪多采用液晶显示方式，即时可以显示被探测金属的种类，适用范围为深度在 1m 以内金属阀门井盖、金属井盖阀门圈等。

金属井盖探测仪特点为：

（1）探测金属物体（井盖、金属管道等）；

（2）高灵敏度；

（3）自校准功能。

2. 非金属管线探测仪

非金属管线探测仪依靠声波原理，利用声音在供水管道及其内部水体中的传播特性来探测非金属管道的位置。首先利用振荡器赋予管道一个特定频率的声音信号；其次利用拾音器在路面采集由管道传过来的声波，对非金属管道进行定位。非金属管线探测仪适用于内部流体为液态且带压力的非金属管道，如图 6-12所示。非金属管线探测仪不能测定管道的埋深，只能对管道进行平面定位，且适用于小口径管道的探测上，需在管道设施的暴露点上安装振动器。

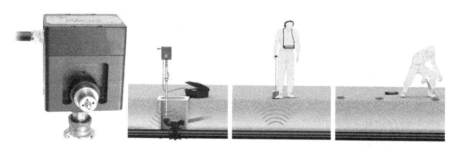

图 6-12　非金属管线探测仪

非金属管线探测仪特点：

（1）声学原理定位管线；

（2）生成小的压力波在管道内部传输，从地面振动听声，最大声音处即管道位置。

3. 管道内置听漏仪

管道内置听漏仪通过将声学传感器头通过 9mm 玻璃纤维电缆推入管道中进行管道漏点检测，不受环境噪声的影响。在检测过程中既可顺着管道水流方向应用，亦可逆水流方向应用。检测得到的声音信号可分别通过蓝牙传输到耳机和检波器中。检波器以声学和光学方式显示接收到的噪声水平，如图 6-13 所示。一般的适用范围为 $DN50 \sim DN1000$ 的直管。

图 6-13　管道内置听漏仪

管道内置听漏仪特点为：
(1) 电子听音和管线定位二合一；
(2) 高精度定位泄漏；
(3) 可定位管道；
(4) 无外界噪声干扰；
(5) 可通过蓝牙进行数据传输。

4. 气体测漏仪

气体测漏仪常使用氢气作为示踪气体，原因是氢气在所有气体中重量最轻，其气体溢出率优于任何气体，且氢气从地面直接上升时，其气流的边际扩散小。气体测漏仪在探测管道漏点的过程中无需分析气样数据，检测得到气体信号音调越高，地面气体浓度越大，表明越接近管道泄漏部位，如图 6-14 所示。一般适用于管道两端阀门均能关闭的所有疑难漏点定位探测。

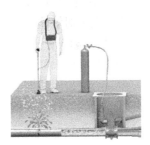

图 6-14　气体测漏仪

气体测漏仪特点为：
(1) 满管或空管注入气体（也可以使用气泡发生器）；
(2) 地面最大浓度气体位置即为可能的漏水点；
(3) 管道阀门不能关闭的管道，可以使用气泡发生器带水带压操作；
(4) 管道内水体流速度不能低于 $0.75\mathrm{m/s}$。

5. 探地雷达

探地雷达是目前新型的供水管网检漏仪器，如图 6-15 所示，利用管道与周围介质的

介电常数（导电性）的差异作为物理条件，使用无线电波的反向收集，对地下漏水情况进行探查，可精确绘制出地下管线的横断面图，并可根据周围的图像信息判断管道有无漏水状况。探地雷达一次搜索范围较小，常与其他检漏仪器配合使用。

影响探地雷达工作的因素主要包括：

（1）管道材质与周围回填物的电导性差异。电导性差异越大，雷达反应也越明显；反之亦然；

（2）管道周围土体的含水率。湿度越高，土体对雷达波的吸收越多，越不利于雷达的分辨，导致探测深度减小。

图 6-15　探地雷达

6. 智能球

智能球（自由浮游式检漏系统传感器）内包含微处理器、声传感器、旋转传感器、温度传感器、发射器及存储器等，如图 6-16 所示，可用于检测定位供水管道泄漏情况，是目前新型的管道泄漏检测设备。

智能球在管道内部随水体移动，途径管道泄漏点，通过传感器清晰捕捉到微小泄漏产生的噪声，并可通过定位系统对泄漏点进行精确定位，误差可控制在 20cm 以内，同时还可估算每处泄漏点的泄漏量大小。智能球在完成预定管道探测后，可采用专用装置将其从管道中回收，通过导出、分析数据，判断管道漏损情况。

智能球检漏设备的特点：

（1）能够有效识别微小的管道泄漏产生的声学信号，通过进行数据分析，确定泄漏点的泄漏量；

（2）能够在管道中自由浮游，不受地表构筑物及管道埋深的影响，一般适用于管径在 250mm 以上的各种类型管道；

（3）外界噪声对智能球的检测效果有较大的影响。

7. 红外成像检漏仪

红外成像检漏仪，如图 6-17 所示，利用特定绝缘气体（如 SF6）红外吸收性强的物理特性，在一个窄带滤波器界定的红外区域，检测红外光吸收的泄漏气体，使肉眼看不到的气体在高性能的红外探测器及先进的红外探测技术的帮助下变得可见。红外成像检漏仪在使用过程中应注意避免绝缘气体的泄漏。

图 6-16　智能球　　　　　　　图 6-17　红外成像仪外观

红外成像检漏仪的使用特点：

（1）检测过程中实施人员不得少于两人；

（2）检测前应核查绝缘气体含量，合格后方可测定，且检测过程中应始终保持通风；

（3）室外检测宜在晴朗天气下进行；

（4）检测时应避免阳光直接照射或反射进入仪器镜头；

（5）环境温度不宜低于5℃，相对湿度不宜大于80％；

（6）检测时风速一般不大于5m/s。

8. 多探头相关仪

智能相关仪适用于距离较长管道的检漏，灵敏度高于普通声学检漏设备，对操作者的技术水平要求相对较低。多探头相关仪是智能相关仪的一种，利用漏声识别技术探测管道漏损情况，主要由主机、探头和软件组成，如图6-18所示，是一种在供水管网检漏工作中应用广泛，能精确确定漏点的先进检漏设备，适用于环境干扰噪声大、管道埋设深或不适宜用地面听漏法的区域。使用时将多台相关仪安装在管网的消火栓、闸阀或其他管

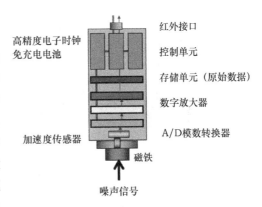

图6-18　多探头相关仪

道暴露处，探头采集得到漏水声数据后，将相关仪所记录的数据下载到计算机，利用软件对任意两个探头数据进行相关分析，可得到漏水声到两个探头的时间差，以计算出漏水点到探头的距离。利用系统软件自动建立的模拟管网图，结合管道参数可快速得出漏点的准确位置。探头可在任意时间开启记录管道漏水声信号，漏水声信号的记录次数及间隔由检测人员按实际工程情况设定。

多探头相关仪适用于大面积泄漏普查预定位、精确确定漏点位置等。由于任意两个探头均可定位管道漏水点，所以多探头相关仪的一次测试可定位多个漏水点。

多探头相关仪的特点：

（1）检漏时不需要管道参数；

（2）记录仪的漏水数据可进行自动数字滤波，结果准确；

（3）既可像常规相关仪一样使用，又能配备多个探头用于大面积普查，一次可确认多个漏水点，完成多个漏点的预定位和精定位；

（4）检漏速度快，所需劳动强度少，检漏效率高；

（5）不用无线发射信号或连接线，可排除无线电干扰及盲区；

（6）测试结果可永久保存。

9. 区域漏水噪声自动记录仪/监测系统

区域漏水噪声记录仪/监测系统是由多台数据记录仪和一台控制器组成的整体化声波接收系统，如图6-19所示，利用管道发生泄漏时的噪声信号来判断管网漏损点位置，是目前先进的供水管网检漏的设备。在使用过程中按预定时间（如夜间2:00～4:00）同时开关记录仪，统计记录管网的噪声信号，噪声信号经数字化后贮存在记录仪的存储器内，并可传输到主机经专业软件分析处理，计算机软件可自动识别数据并作二维或三维图，其

判别漏水的依据是每个漏水点会产生一个持续的漏水声，根据记录仪记录的噪声强度和频繁度来判断在记录仪附近是否有漏水的存在。区域漏水噪声记录仪/监测系统的一次测试可完成一片区域管网漏水状况调查，降低检测人员的劳动强度，提高检测效率，缩短检测周期。

漏水噪声记录仪/监测系统既可长期放在供水管网中监测，亦可分区域监测，监测的数据可实现远传，适于大面积管网检测。

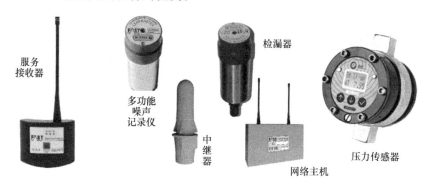

图 6-19　漏水噪声记录仪/监测系统

区域漏水噪声记录仪/监测系统的特点：
（1）计算机接收分析数据；
（2）电池供电，超低功耗；
（3）记录时间长度可定制；
（4）体积小巧，工作方式灵活；
（5）设置方便，数据采集传输安全快捷；
（6）时域频域同时分析，精准判断；
（7）可遥控记录仪睡眠，以延长电池寿命；
（8）可连接各种小程序的应用。

10. 漏水巡视系统

漏水巡视系统一般包含噪声记录仪、巡视主机及软件等，通过永久或临时安装在供水管道上的噪声记录仪监测漏水噪声，可实时反馈数据，及时发现管道异常，可靠评估管网情况，系统分析管网运行状况，提出管道漏水解决方案，减少现场工作量，实现供水管网漏损的数字化、办公化管理，提出解决方案。

漏水巡视系统的特点：
（1）预防突发性事件，可提前发现问题，采取预防措施，确保供水管网安全；
（2）减少水耗，提高供水质量；
（3）解决人耳难以判断的漏点，最大限度地降低漏损；

6.3.3　大、中型供水企业检漏设备配置建议

对于大、中型供水企业，针对其负责区域地下管线较长、分布较广、情况较复杂的特点，建议配置多种先进的检漏设备，见表 6-2。

大、中型供水企业检漏设备配置建议表　　　　　表 6-2

序号	设备名称	备注
1	电子/机械听音杆	5～20 只
2	听漏仪	1～10 台
3	智能相关仪	1～6 套
4	金属井盖探测仪	1～5 套
5	非金属管线定位仪	1～10 套
6	管道内置听漏仪	1～3 套
7	气体测漏仪	1～3 套
8	检漏车	1～3 台
9	区域漏水噪声记录仪/监测系统	3 个探头以上 1～3 套
10	漏水巡视系统	1 个
11	探地雷达	1 套
12	路面钻孔机	1～10 台

6.3.4　小型供水企业检漏设备配置建议

小型供水企业供水量较少，地下管线复杂程度相对较低，考虑小型供水企业的资金状况，建议在管网检漏设备的配置上综合考虑设备的使用覆盖度、检漏效果及经济实用性。小型供水企业检漏设备配置建议见表 6-3。

小型供水企业检漏设备配置建议表　　　　　表 6-3

序号	名称	备注
1	电子/机械听音杆	2～6 只
2	听漏仪	1～3 台
3	智能相关仪	1 套
4	金属井盖探测仪	1 套
5	非金属管线定位仪	1～2 套
6	路面钻孔机	1 台

6.4　本 章 小 结

加强供水管网的日常维护，因地制宜地选择适用于实地工程的检漏仪器/设备，健全完善检漏组织管理制度，对于高效降低城市供水管网的漏水状况，确保供水管网的安全供水有着重要的意义。

本章首先对漏水声的声波范围及传播特征进行了分析，分别从泄漏噪声的产生、泄漏的原因及现象、漏水声的传播特性以及漏水相似干扰声四部分阐述了供水管道的漏损特性。从供水管网检漏的声学检漏方法和非声学检漏方法出发，介绍了供水管网检漏常用的主要方法和应注意事项，以及在具体应用中的常规检漏步骤等，提出了针对目前"互联网+"大趋势下，供水企业检漏模式的优化与创新模型。针对各类检漏仪的特点、性能及使用范围，将管网检漏设备分为两类，分别介绍了较为传统、使用方法经过实践考验、已经相对成熟的常规检漏设备，以及随着科技的发展，越来越多应用在供水管网检漏的新型检漏设备。通过对设备性能及应用方式的解析，根据供水企业的不同规模，针对性地提出了供水企业检漏设备配置建议，目的是对实际管网检测工作起到一些抛砖引玉的作用。

经过多年的摸索，我国在供水管网检漏技术、设备等方面取得了突飞猛进的发展，漏损率逐年降低，但仍有很大的降低潜力，今后更需通过先进的检漏技术、设备，实际施工经验融合，运用更科学规范的管理方法切实地降低管网漏损。

第7章　管网漏损控制智慧管理平台

7.1　概　　述

供水管网是供水企业的主要资产，占比超过70%。供水管网的管理控制与运营维护，特别是漏损控制对供水企业具有重要的意义。随着"智慧地球"概念的提出，我国也提出了"智慧城市"的建设目标，而智慧水务的建设是智慧城市的重要组成部分，主要通过数字化、信息化、智能化建设，全面提升水务管理效能，实现科学决策、精准服务，这也是水务行业变革的前进方向。

在我国供水行业现阶段的发展情况下，供水管网的漏损控制是行业关注的重点问题之一，供水管网的漏损不仅导致水资源的浪费，也会引起路面坍塌、交通阻塞等次生灾害。国务院颁布的《水污染防治行动计划》提出，到2020年，全国公共供水管网漏损率需要控制在10%以内，但目前我国供水企业的平均管网漏损率在20%左右，远高于控制目标，因而加强供水管网漏损控制势在必行。结合当前智慧水务的发展，打造管网漏损控制智慧管理平台是符合现阶段发展目标，实现漏损率控制目标的强大助力。

管网漏损控制智慧管理平台基于DMA分区计量系统，采用物联网技术，远程采集管网监测计量设备数据以及营收数据等，集成优化GIS、SCADA、DMA及水力模拟等系统的主要功能，通过建立数据分析引擎，对海量的历史数据进行深度分析，实时预警、捕获管网运行异常事件，并利用压力、水量相关变化趋势分析模型和在线水力模型仿真分析，快速锁定异常区域，通过管网安全决策系统提供优化的事故处理方案，从而实现对漏损的主动控制。

7.2　平台系统架构

管网漏损控制智慧管理平台整体架构如图7-1所示。首先是数据治理层，该层将SCADA数据、营收数据、GIS数据、远传大用户表数据、DMA计量监测数据等数据源获得数据经过数据访问、数据处理以及数据存储操作后存入数据中心，实现通过实时数据流引擎采集物联网数据的过程；之后经过计算分析层，通过计算服务集群，完成数据分析和数据挖掘；最后是系统应用层，通过可视化展示及报表输出来进行功能的展示。

7.2.1　数据治理层

数据作为管网漏损控制的基础，其传输、处理及储存至关重要。在实际生产中，由于传感器及传输网络的差异，数据源种类也纷繁复杂，对于工业数据库和关系型数据库等主流常规数据源以及文本等特殊格式数据源，平台需提供动态扩展能力，满足异构数据源的

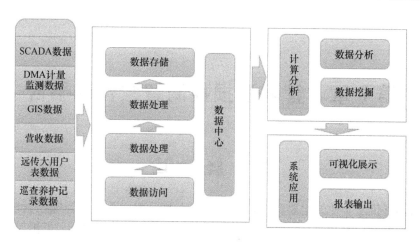

图 7-1　管网漏损控制平台系统构架图

数据治理需求。

1. 数据中心

平台应具有处理各类数据，分析挖掘其内部综合特征的能力，从而体现平台的"智慧性"。而智慧水务中，数据的来源多种多样，包括 SCADA 系统、DMA 计量监测系统获取的压力、流量数据，GIS 系统所获取的地形坐标、管段结构等空间数据，营收系统的收费统计数据以及巡检养护系统的巡检记录数据等，多样的数据来源决定了数据存储、交换以及整合的重要性。

数据中心是整个智慧水务的核心层，其框架如图 7-2 所示，数据中心以数据为纽带连通各个应用体系，解决的核心任务是实现数据标准化，提升数据质量状况、规范系统之间

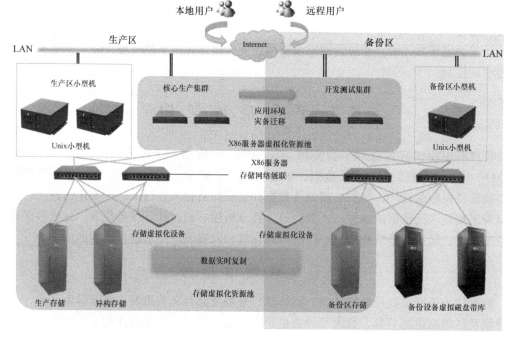

图 7-2　数据中心架构图

的数据交换和共享机制。集中各类系统数据源后，形成企业完整的数据资产，并作为管理决策分析应用的统一数据来源。数据中心的主要作用是用于接收、储存和提供调度决策所需的数据，具体如下：

（1）为最大限度地实现漏损控制相关的信息资源共享，最大限度地利用和应用支撑服务的能力，平台需建立一个统一的决策数据中心，通过对相关数据的统一接入、整理和标准化，满足漏损管理系统的可扩展性、可维护性，从而增强数据共享、服务能力，为上层应用系统提供全面多层次的数据服务。

（2）通过数据中心使各个应用体系在数据中心达到系统集成、资源整合和信息共享，为平台各个智慧应用、企业门户集成提供标准化、完整、一致的数据来源。

（3）通过构建专业的数据中心体系，提供数据存储服务。存储来自不同数据源的数据（SCADA 数据、营收数据 MIS、GIS 数据等），通过数据索引专用设备实时从所有数据、全文、基础数据、所有海量等数据中抽取热点数据生成索引，从而实现对结构化和非结构化数据、网络原始数据和工作业务数据、基础数据和动态更新数据的统一管理，并通过服务接口向上层应用提供统一、高效的数据访问服务。

从上可知，海量数据的高效存储在数据中心建设中起到非常重要的作用。随着时间的推进以及业务的发展，数据规模也会越来越大，供水系统中存在数以百计的监测及 DMA 分区等，数据记录数超过千万，必将成为系统性能的阻碍。因此，针对海量数据找到有效的存储方法，实现高性能、面向海量数据的存储技术是解决此类问题的关键，在此，可以采取的策略有：分区技术、并行处理技术以及云存储技术。

在水务数据存储过程中，单表的数据量往往会达到百万级以上，并且记录数据会随着时间而增长，采取合适的表分切技术，如"分区关键字"分区，根据监测点名称、类型分割成单一分区表或组合分区表，降低数据量，从而提高查询效率，也提高了后续计算分析的读取效率。

采用适当的并行处理技术，利用多个 CPU 或 I/O 资源来执行单个数据库操作，将任务并行化，使得多个进程同时在更小的单元上运行，按需随时分配，从而能够高效地管理海量水务存储数据，提高数据存储的机动性。

最后，在数据存储过程中，处理升级硬件以及采取合适的存储管理策略外，采用云存储提供商提供的服务也是一个具有吸引力的选择。云存储应用经济，可以随时按需要的规模支付费用，从而处理存储负载峰值，因而在数据存储过程中起到相辅相成的作用。

2. 数据访问

数据访问层应该提供多种数据源连接方式，常用的访问方式有调用底层 API 数据访问接口以及利用第三方数据访问工具。相较于 API 数据访问接口，第三方数据访问工具虽然不如 API 访问接口灵活，但能够支持主流数据源，对用户要求不高，可以不断完善强大，因而集成第三方工具是较合适的数据访问方式。

3. 数据处理

数据处理是构建数据仓库的重要一环，从数据源获得的数据，经过数据清洗和加工，最终按照预先定义好的模型，将数据加载到目的数据仓库中，从而用于智能分析或用于主数据管理体系。数据处理分为抽取、转换和清洗、加载三步。抽取式数据的输入过程，解决数据源异构问题；转换和清洗主要解决数据质量问题，通过将数据中存在的冗余、错误、缺失检测出来并加以改正，最终确保数据具有良好的准确性、一致性、完整性和可用性；加载是数据的输出过程，将清洗后的数据按照物理模型定义的结构持久化写入到数据存储层之中。在供水数据中，使用 Extract-Transform-Load（ETL）工具可以有效简化对原始数据的抽取、清洗和转换、加载过程，从而极大地提高了开发效率。

7.2.2 计 算 分 析 层

作为平台的核心，计算引擎应采用调度机制，实现业务分析算法，包括预测算法、漏损识别算法、日常统计分析等各种计算需求。在多道程序系统中，进程的数量往往多于处理机的个数，进程争用处理机的情况不可避免。而调度就是从就绪的队列中，按照一定的算法选择一个进程并将处理机分配给其运行，以实现进程并发执行。

从层次而言，调度可以分为作业调度、中级调度以及进程调度。作业调度的主要任务是按一定的原则从外存上处于后备状态的作业中挑选一个（或多个）作业，给其分配内存、输入/输出设备等必要的资源，并建立相应的进程，以使其获得竞争处理机的权利；中级调度又称为内存调度，其主要作用为提高内存的利用率以及系统吞吐量；进程调度的主要任务是按照某方法从就绪的队列中选取一个进程并将处理机分配给它。其调度示意如图 7-3 所示。

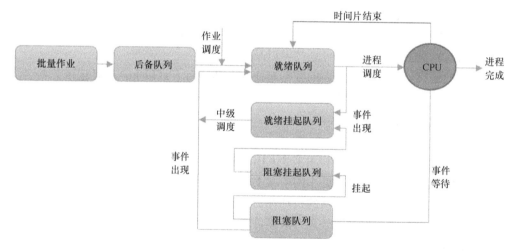

图 7-3　三级调度示意图

在作业调度框架内，各个计算需求被组织成独立作业并设定调度时间表，作业可根据计算需求进行创建、修改、删除等定制。框架密切注意调度时间，当调度程序确定调用作业时，框架调用作业的计算过程，实现算法计算。因而，选取合适的作业调度框架是平台建设的重要需求。

不同的作业调度框架具有不同的特点，表 7-1 展示了 Oozie、Azkaban 以及 Taskctl 三种作业调度框架以及其特点对比分析。Oozie 是一个基于工作流引擎的开源框架，其需要部署到 Java servlet 中运行，主要用于定时调度，多任务之间按照执行的逻辑顺序进行调度；Azkaban 是由 Linkedin 开源的一个批量工作流任务调度器，用于在一个工作流内依特定的顺序运行一组工作和流程；Taskctl 是一款全自动的作业自动化调度技术管理工具，可以有效管理作业以及各种参数运行控制。

部分作业调度框架特点对比 表 7-1

功能	Oozie	Azkaban	Taskctl
Web 界面功能性	仅提供查看	支持修改配置	图形视图管理以及可操作性
工作流上传	需上传至 Hdfs	在 web 界面上传 zip 包	支持 excel 导入
工作流组成	Xml	Properties	Xml
可视化工作流	满足	满足	满足
安装难度	难度较大	难度中等	简单
扩展机制	需自己实现	需自己配置	插件技术
重启过程便利性	在杀死并重启任务时，需要在控制台进行操作并重新提交	可在 Web 界面完成	重启后快速恢复，满足业务连续性

7.2.3 系 统 应 用 层

平台系统应用层主要为可视化展示以及报表输出，可视化展示旨在将计算分析结果以跨端的界面适配方法在多种设备上进行"响应式"适配，解决不同分辨率和设备下的用户体验一致性问题；报表输出作为平台的重要出口，负责提取、汇总业务分析核心内容，自由定制报表模块，并根据模块自动创建和发布报表内容。管网漏损控制智慧管理平台软件应采用组态工具二次开发而成，从而实现实时、动态地显示管网运行监控数据以及计算分析信息。

软件在设计结构层面可以分为 B/S 结构以及 C/S 结构，其结构示意图如图 7-4 所示。B/S 结构即为浏览器/服务器结构，C/S 结构即为客户端—服务器结构。相较于 C/S 结构，B/S 结构是随着 Internet 技术的发展，对 C/S 结构的一种改进，在这种结构下，用户工作界面通过浏览器来实现，少部分的事务逻辑在前端处理，主要事务逻辑由服务器实现，从而形成三层结构，简化了客户端电脑的负载，也减轻了系统维护与升级的成本和工作量，进而降低了用户的成本。

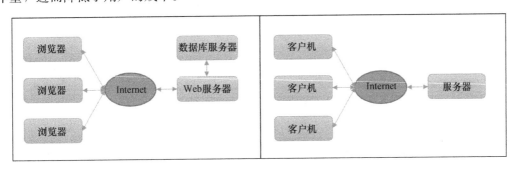

图 7-4 B/S 结构和 C/S 结构示意图

可以说，C/S 结构是一种历史悠久且技术非常成熟的架构，B/S 结构是从 C/S 结构衍生而来，具备更高的创新型，也彰显了 Web 信息时代的特性。表 7-2 总结了 B/S 结构与 C/S 结构的特性对比。

B/S 结构与 C/S 结构特性对比表　　　　表 7-2

特征	B/S 结构	C/S 结构
硬件环境	广域网	专用网络
安全要求	面向不可知的用户群 对安全的控制能力相对弱	面向固定用户群 信息安全控制能力强
程序架构	对安全及访问速度多重考虑	更注重流程，系统运行速度考虑较少
软件重用	好	差
系统维护	开销小、方便升级	升级难
处理问题	分散	集中
用户接口	跨平台，与浏览器相关	与操作系统关系密切
信息流	交互密集	交互性低

软件在采用 B/S 结构后，可以采取模块化设计，保障各个功能模块相对独立，方便以后的功能扩展。服务器可采用主从运行模式，支持双机热备份和自动备份功能，保证平台的稳定运行。

7.3　平台功能应用

7.3.1　在线监测

监控供水管网运行时的压力、流量、阀门、泵房与远控这些类型的监测点实时数据，可多方面、多角度地对监测点数据进行归类、汇总、分析，并建立强大的数据关联分析、事件预警机制，帮助分析调度人员全面了解供水管网运行情况，确保城市供水安全可靠。

1. 实时监测

该应用总体展示出各个监测点、监测区域的实时监测值，其界面如图 7-5 所示，结合监测点的预警限值进行预警提醒，可以分类型、分区域进行数据浏览，帮助分析调度人员

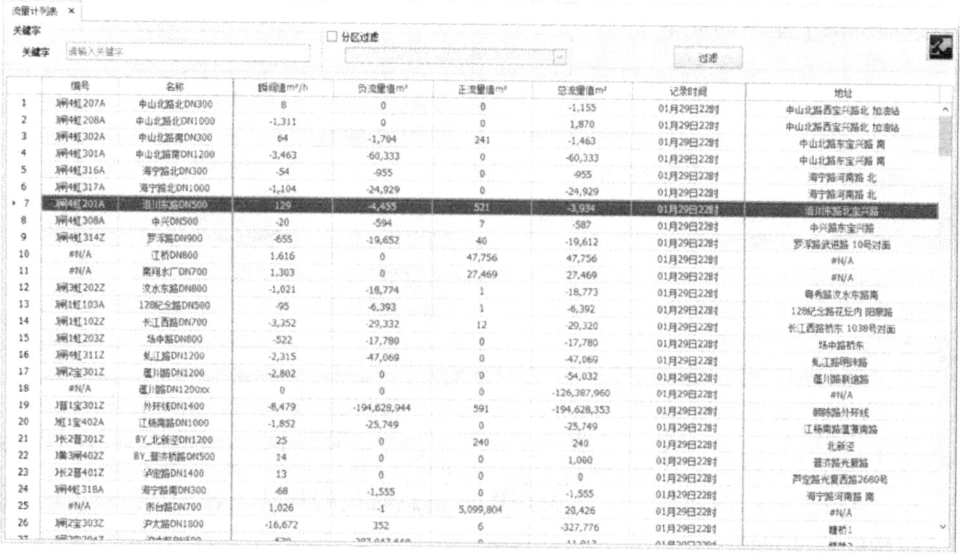

	编号	名称	瞬间值m³/h	负流量值m³	正流量值m³	总流量值m³	记录时间	地址
1	J闸4虹207A	中山北路北DN300	8	0	0	-1,155	01月29日22时	中山北路西宝兴路北 加油站
2	J闸4虹208A	中山北路北DN1000	-1,311	0	0	1,870	01月29日22时	中山北路西宝兴路北 加油站
3	J闸4虹302A	中山北路南DN300	64	-1,704	241	-1,463	01月29日22时	中山北路东宝兴路 南
4	J闸4虹301A	中山北路南DN1200	-3,463	-60,333	0	-60,333	01月29日22时	中山北路东宝兴路 南
5	J闸4虹316A	海宁路北DN300	-54	-955	0	-955	01月29日22时	海宁路河南路 北
6	J闸4虹317A	海宁路北DN1000	-1,104	-24,929	0	-24,929	01月29日22时	海宁路河南路 北
7	J闸4虹201A	淮川东路DN500	129	-4,455	521	-3,934	01月29日22时	淮川东路北宝兴路
8	J闸4虹308A	中兴DN500	-20	-594	7	-587	01月29日22时	中兴路东宝兴路
9	J闸4虹314Z	罗浮路DN900	-655	-19,652	40	-19,612	01月29日22时	罗浮路武进路 10号对面
10	#N/A	江桥DN800	1,616	0	47,756	47,756	01月29日22时	#N/A
11	#N/A	南翔水厂DN700	1,303	0	27,469	27,469	01月29日22时	#N/A
12	J闸3虹202Z	汶水东路DN800	-1,021	-18,774	1	-18,773	01月29日22时	粤秀路汶水东路南
13	J闸1虹103A	128纪念路DN500	-95	-6,393	1	-6,392	01月29日22时	128纪念路花坛内 阳泉路
14	J闸1虹102Z	长江西路DN700	-3,352	-29,332	12	-29,320	01月29日22时	长江西路桥东 1038号对面
15	J闸1虹203Z	场中路DN800	-522	-17,780	0	-17,780	01月29日22时	场中路桥东
16	J闸4虹311Z	虬江路DN1200	-2,315	-47,069	0	-47,069	01月29日22时	虬江路明坤路
17	J闸2宝301Z	蕰川路DN1200	-2,802	0	0	-54,032	01月29日22时	蕰川路联谊路
18	#N/A	蕰川路DN1200xx	0	0	0	-126,387,960	01月29日22时	#N/A
19	J普1宝301Z	外环线DN1400	-8,479	-194,628,944	591	-194,628,353	01月29日22时	韶嘉路外环线
20	J虹1宝402A	江杨南路DN1000	-1,852	-25,749	0	-25,749	01月29日22时	江杨南路蕰藻南路
21	J长2普301Z	BY_北新泾DN1200	25	0	240	240	01月29日22时	北新泾
22	J黄3闸402Z	BY_普济桥路DN500	14	0	0	1,000	01月29日22时	普济路光复路
23	J长2普401Z	泸定路DN1400	13	0	0	0	01月29日22时	泸定路光复西路2680号
24	J闸4虹318A	海宁路南DN300	-68	-1,555	0	-1,555	01月29日22时	海宁路河南路 南
25	#N/A	泰台路DN700	1,026	-1	5,099,804	20,426	01月29日22时	#N/A
26	J闸2宝303Z	沪太路DN1800	-16,672	352	6	-327,776	01月29日22时	腰桥1

图 7-5　实时监控界面图

快速及时地发现异常点，及时处理决策与调度管理。

2. 分区监测

计量分区是一种目前国内外都比较认可的漏损控制方式，将传统的被动控制漏损的模式转变为主动控制漏损的模式。分区监测能够把工作的重心由花费在传统的全段漏损定位上的时间转移到区域漏损发现上，使管理人员能够及时做出反应，做到有重点的漏损检测。通过分区监测，能够起到以下作用：

（1）指导供水企业职能管理部门及时发现漏损等问题；

（2）与物理工具检漏相辅相成，更快速实现漏点定位，减少水量的损失；

（3）将管网进行分区监测控制，保障整个管网处于最优压力运行状态。

因而，该应用以区域为单位，对区域内的总流量及分表流量进行实时在线的监控管理，其计量分区监测界面如图 7-6 所示。通过设定计量分区并对分区内监测点实施监测统计，分析总表和各个分表的变化量以及变化趋势，可以对该区域的流量变化情况以及漏失

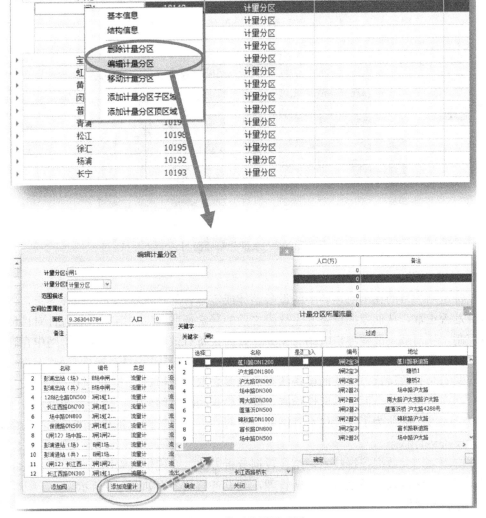

图 7-6　分区监测界面图

情况进行分析与管理。

3. 站点监测

该应用结合 GIS 技术，与供水管网工程技术相结合，集数据采集、数据查询、更新维护、综合分析和运行管理等功能于一体，将空间数据与业务数据进行整合，对各个管网监测点进行定位，利用管网监测点的压力、流量等数据，结合各种管网事件的物理计算方法、管网模型等工具，智能化地推断出管网可能发生问题事件的区域或地点，做到提前预知、早做决策、杜绝隐患、保障安全、改善服务，结合漏点、隐患点、管网作业点，多维化地对管网运行情况进行实时监控、管理、分析，提高调度工作的执行效率。

4. 水量分布

该应用从计量分区角度出发，以安装流量计、压力计设备为主，从宏观的角度对区域的总流量、总压力进行监控，实现对区域整体情况的了解与把控，从管理的角度出发，实时监控区域内水量及压力变化情况，以便调整各个水厂供水配比，促使管网处于合理压力运行情况之下，为供水企业高层管理人员提供决策依据，其水量分布界面如图 7-7 所示。

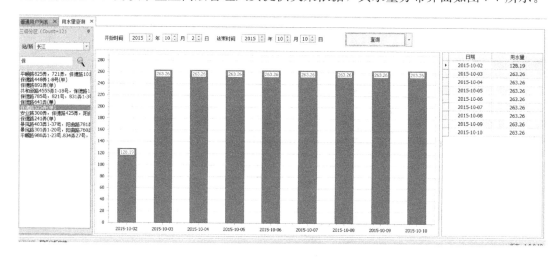

图 7-7　水量分布界面图

5. 设备监测

设备监测的目的在于对运转中的设备整体或零部件的技术状态进行检查鉴定，以判断其运转是否正常，从而掌握设备发生故障之前的异常征兆，以便事前采取有针对性的措施进行控制，从而减少故障停机时间与损失，提高设备有效利用率。在供水管网中存在多种运行设备，管网消火栓、水泵以及监测器传感器、电池电压以及信号强度等状态都会影响整个管网安全有效运行。以往的设备状态监测多采取定期检查的方式，针对运行设备在一定的时期内进行较为全面的一般性检查，此类检查间隔时间较长，检查判断也多以主观感觉和经验为准，因此为了保障供水管网安全运行，需要对管网设备状态进行在线监测，以此掌握设备运行状态。

该应用采用大数据挖掘技术，结合数据分析方法，实现供水管网设备运行状态的自动监测、智能评估以及设备全寿命周期管理，其设备监测界面如图 7-8 所示。

（1）自动监测

供水管网设备运行自动监测主要包含振动检测、应力监测、温度检测、电池电压监测、信号强度监测等，通过监测装置按照统一标准接到设备上，通过现场监测数据传输，监控中心收到监测视频和数据后经过数据分析模块处理之后发送到运行维护工作人员终端设备上，实现对设备进行自动监测的目的。这样不仅能够解决自然环境对巡检工作的限制，还能减少人力资源的占用，降低管网设备巡检和维护成本。

（2）智能评估

通过物联网技术以及大数据分析的综合应用，对监测的各类设备数据进行分析处理，对海量信息进行深入挖掘，从而对管网设备进行状态评估及预测，发现潜在运行风险。通过智能评估，结合状态数据的对比分析实现防患于未然，延长管网设备的使用寿命，提高设备工作效率，减少设备资金投入，保障供水安全有效。

（3）设备全寿命周期管理

供水管网设备的全寿命周期管理贯穿设备使用寿命的全过程，该应用通过设备前期、使用以及后期三个连续的管理过程，提高设备的可靠性和稳定性，降低故障率，保障设备的正常运行，改变传统的设备管理方法，形成数字化设备管理方式，为各个管段设计、运行维护、设备采购等方案优化提供数据支持，提高运营决策的准确性。

图 7-8　设备监测界面图

7.3.2　运　行　分　析

供水管网运行分析对于供水系统的优化调度，提高管网管理水平以及提高供水企业的经济和社会效益有着非常重要的意义，平台可以对供水管网水量平衡、水量预测、实时模拟、计量分区、漏损区域识别以及压力分区管理进行详细分析，从而实现供水系统的优质、节能化管理。

平台通过建立管网地理信息系统（GIS）和管网压力、流量 SCADA 系统以及管网水力模拟系统，引领供水企业由传统的经验、粗放式管理走向科学管理的路途。通过管网水量平衡分析，可以有效了解供水系统供需关系，从而对地区漏损控制起到指导性作用；通过供水管网水力实时模拟以及水量预测，一方面可以在管网规划设计方面，对管道改造、管线建设作出合理性的判断；另一方面可以进行管网评估，通过模拟管道事故的发生，分析对整个供水管网的影响，同时可以指导管网改（扩）建以及日常维护检修，通过水量预测，及时发现管网不同节点用水异常情况，进而判断管网是否发生新增漏损的情况；通过计量分区以及压力分区管理分析，将整个管网的管理精细化到各个分区，结合分区内压力流量信息，分析计算该分区内漏损严重情况如何，为精细化管理及漏损识别铺垫道路；通过漏损区域识别分析，实现供水管网监测点优化布置以及与智能化算法的耦合，指导供水企业准确控漏。

总而言之，平台通过运行分析功能，对管网运行状态历史数据的统计、分析与汇总，结合调度理论知识和实际经验，根据各参数的运行趋势，预测出未来一段时间内该参数的可能变化规律，或者根据历史运行记录挖掘出管网运行特性，从而为管网的优化调度提供决策依据。

1. 水量平衡分析

水量平衡是基于物质守恒定律，区域的输入水量之和等于输出水量之和。通过计算机技术、数据挖掘等方法，并辅助水量测试、分析等手段分析系统水平衡，根据分析结果提出建议措施，可最终降低供水企业产销差。

水量平衡分析应用如图 7-9 所示，在完成基础数据导入后，可自动计算给定时间范围内的各部分用水量的大小以及在供水总量中所占的比例、漏损考核指标的管理，便于供水企业部门快速统计各个部分用水量的数据以及采取相应的控漏重点。

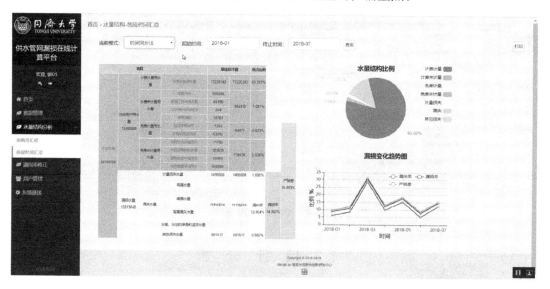

图 7-9　城镇供水管网水量平衡计算应用图

2. 水量预测分析

随着人们生活水平的提高、用水人口的增加以及气候的变化，城市居民的日用水量非线性变化日益明显，对城市给水管网的运行管理、优化调度提出了更高的要求。用水量预测研究是保障供水管网优化运行的重要环节和基本前提，其预测精度将影响优化调度水平和水资源的合理利用。在当代大数据发展以及深度学习技术发展背景下，根据供水区域正常工况下的供水监测数据学习历史经验，从而对当前时刻的水量做出精确预测，依据预测残差判断当前时刻是否发生漏损事件，为供水调取提供参考。该应用可以根据水表的历史数据的变化规律，结合天气、温度等情况，预测出该水表在未来一段时间内（短期）的水量变化趋势，帮助调度员提前了解供水量变化趋势，做好调度计划。

3. 管网实时模拟分析

该应用通过微观水力建模，真实反映出供水管网各个细节，作为管网改扩建、漏失减量以及爆管预案等分析的基础，实现对供水管网现状的评估；并将供水管网物理信息进行收集，建立管网数据库，结合水力分析方法，对供水管网进行规划。水务集团供水调度人员在进行供水调度时，可以通过水力计算模型快速模拟调度方案，辅以经济效益模型，达到科学配置运行、降低能耗、保障水压平衡的目的。

该应用结合了 GIS 系统以及 SCADA 系统，实现了管网拓扑以及重要设备的精确定位，同时该应用配置了多样化的水务信息采集接口，用于获取数据库中历史和实时供水数据，可以分区监控实时流量和压力，实现区域漏损识别。

4. 计量分区分析

计量分区技术是在供水系统中通过采用关闭阀门或安装流量计等方式，使得该区域成为一个独立封闭的区域。在封闭区域内对流入和流出的水量进行计算分析，从而达到主动控漏的目的。我国供水管网漏损形成的原因十分复杂，根据住房和城乡建设部发布的《城镇供水管网分区计量管理工作指南》中提出的"以供水管网分区计量管理为抓手，统筹水量计量与水压调控、水质安全与设施管理、供水管网运行与营业收费管理，构建管网漏损管控体系"，在控漏过程中采用计量分区分析的方法能够产生良好的效果。管网漏损控制平台在计量分区分析方面可以分为水量叠加分析以及最小夜间流量分析。

（1）水量叠加分析

特定供水分区在一定时期内用水总量会保持在一个相对平稳的状态，影响分区水量的因素除了用水周期规律，分区内大用户用水量也对分区水量变化起到非常重要的影响，该应用通过分区水量和大用户水量的叠加处理，并将所得数据与正常运行状态下的历史数据作对比分析，以及分析大用户用水量与管网用水变化趋势，当这两者的运行趋势存在明显差异时，则管网可能出现漏损，进而为供水企业进一步的管理决策提供依据。

（2）最小夜间流量分析

水量平衡测试是一种简单有效的主动漏损控制技术，该方法能够有效评估管网工作状况，反映出供水漏损率的大小，进而可以判断管网漏失区域，为供水安全管理提供依据。水平衡测试可以量化独立分区的漏损水平，通过对管网特定区域流量进行持续监测，记录流量变化，从而对新发漏损等进行识别和定位。该方法关键是利用水量来确定漏损水平，其核心方法就是采用最小夜间流量法，在凌晨 2:00～4:00，区域用水量处于较低水平，用户用水量较为恒定，通过设定合理用户用水量或测试此段时间内最小夜间流量，由分区内的入流量即可得到漏损量。最小夜间流量可以通过数据记录装置，把区域周围的阀门关闭调整到封闭状态，进而将区域周围某一个阀门打开，测定其流量，此时的最小流量即为最小夜间流量。不同的最小夜间流量对应不同程度的漏损情况，当最小夜间流量较大时，管网漏损情况也相对严重。因此，该应用对水表的最小流量进行监控管理，分析水表的最小流量发生的时间是否在用水规律中经验值较低的时间段内，以及夜间最小流量占平均流量的比重，从而得出该监控范围内是否存在漏损点，为供水企业查找漏损点，控制漏损提供数据支撑，其最小流量计算界面如图 7-10 所示。

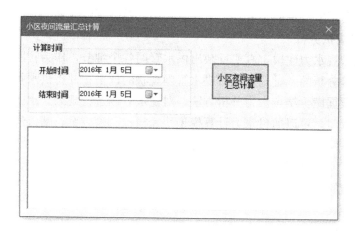

图 7-10　最小流量计算界面

5. 压力分区管理分析

压力分区管理进行漏损控制是快速、回报期望高且有效的途径，通过在分区管网上安装压力计以及评估每个分区的节点监测水压来评估每个分区的漏损水平，从而找出漏损最为严重的区域来进行漏损修复，然后通过控制安装在边界管上的减压阀，减低管网压力或使压力维持在一定范围之内，进而将漏损控制在最低的水平。压力、漏损和爆管率之间存在着明显的关联，管网中的压力越高，漏损也往往更加严重，甚至会引发频繁的爆管事件。因而，如何在供水管网分区的基础上进行有效的压力管理是非常重要的。在压力分区管理中，管网漏损控制平台采用水力模型以及大数据分析两种方法进行压力管理分析。

（1）水力模型压力管理分析

该应用通过水力模型进行流量分析来确定用户类型以及压力控制范围，据此提供可选择的控制阀门以及控制设备，进而提出合理的压力控制方案，并对该方案的成本以及收益进行论证，以此来评估分区压力管理的可行性。该应用也提供多种压力管理方案，包括变速泵调节以及减压阀控制等。

1）变速泵控制：在变速泵控制的区域，通过调整水泵转速来进行压力管理，从而对系统压力进行有效调节；

2）减压阀控制：在管网的关键位置，尤其是高爆管频率和漏损率大的分区入口管道上安装减压阀，从而降低管网压力，使阀门下游压力维持在合理定值，而不影响阀门上游压力和流量的波动。

该应用通过方案优选以及分析分区漏损情况来设定压力管理方案，从而为管网控漏提供方向与指导。

（2）大数据压力管理分析

大数据压力管理的原理是利用物联网技术以及大数据挖掘方法，通过将管网中各个测压点、测流点以及水厂产生的大量数据，结合供水管网最不利点压力的大数据，分析区域内用户的用水习惯，从而挖掘出最不利点在用水高峰以及低谷时间段内压力优化的潜力来最大化优化管网压力，科学调度管网压力，降低管网漏损。

该应用的目的是在保证管网正常供水的前提下，利用现有的大数据挖掘技术，合理而科学地优化管网运行压力，在减少管网漏损的基础上，节约系统能耗，预防爆管事件的发生，保障管网的安全运行。

该应用在进行大数据压力管理时主要经过以下几个步骤：首先利用测压点实时传输的数据进行分析，挖掘出区域居民用水习惯及特性，结合供水管网的整体布局和地形地貌找到最不利点；然后以最不利点的压力作为临界压力，将此压力与区域水厂压力进行数学建模，计算最小夜间流量时间段内水厂降压范围，从而给出周期性压力优化方案。

6. 漏损区域识别分析

为了有效建立管网漏损控制平台，漏损区域识别应用尤为重要，对此，要优化供水管网监测点的优化布置，使得采集的压力数据能够全面反映管网的运行工况，为漏损事故报警和漏损区域识别提供数据支撑。为达到对漏损区域的有效识别的目的，该应用使用投影法以及漏损特征空间法实现漏损定位。通过在管网中的每个节点模拟多个漏损并计算得到每个点在空间的漏损特征域，从而在获得一组新的漏损数据时，即可分析该向量与之前已生成的漏损特征域之间的关系，有效锁定漏损位置。该应用将监测点优化布置技术与漏损识别技术有机结合，最大限度地体现出该应用方法的优越性，其监测点优化布置流程图如图 7-11 所示。

该应用在水力模型与监测数据的基础上，结合虚拟分区和管道漏损风险评估两种方法来约束解空间的搜索范围，进行漏损水量空间分布的优化，保障识别结果贴近实际情况。在此之后，该应用利用遗传算法按图 7-12 所示实现供水管网水力模型与监测数据耦合的漏损区域识别，为供水企业控漏工作提供参考。

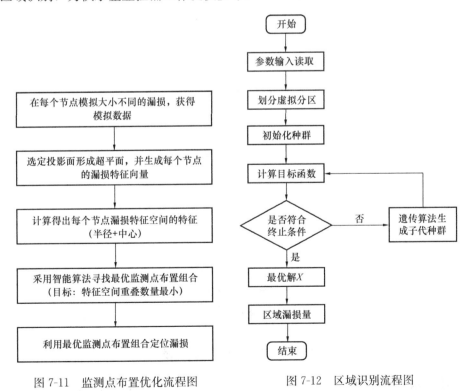

图 7-11　监测点布置优化流程图　　　图 7-12　区域识别流程图

7.3.3 报 表 统 计

平台提供丰富多样的统计报表，包括如图 7-13～图 7-15 所示的区域流量报表、区域产销差报表、异常报警统计报表等，囊括从简单的数据统计到复杂的数据计算分析。通过这些统计报表，水务公司调度人员或管理人员可及时充分地掌握管网运行情况，准确判断管网运行的健康程度以及预测未来的运行趋势，为管网调度工作作出科学合理的决策，减少管网安全隐患，保障供水安全可靠。

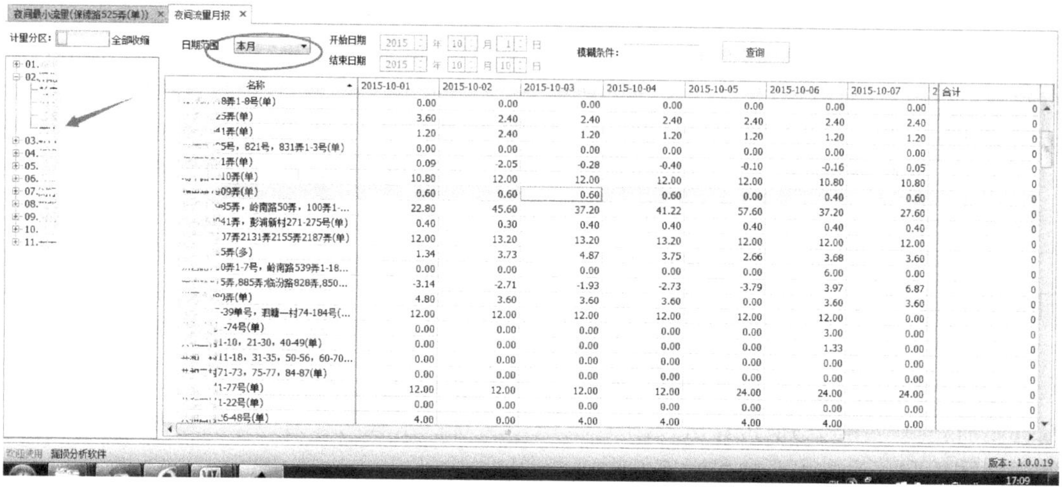

图 7-13　区域流量报表

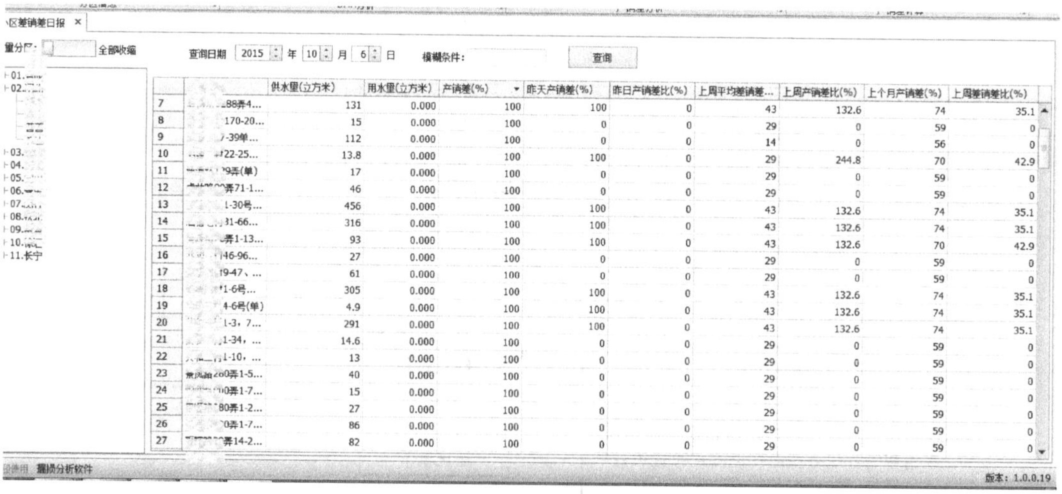

图 7-14　区域产销差报表

7.3.4 系 统 管 理

平台将供水企业日常工作的业务流程集成进来，包括停水作业管理、日志管理、设备管理、工单管理以及系统权限管理五大子模块，每个子模块都提供了详细的管理功能，帮

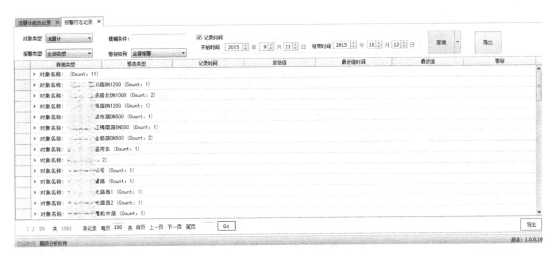

图 7-15　异常报警统计报表

助公司调度及管理部门完善工作流程，提高工作效率。

1. 停水作业管理

该应用对管网停水事件进行管理，跟踪停水事件的执行过程。另外，该应用可以对历史事件进行查询（如阀门操作记录、重大事件记录等）。所有表单数据均可以进行打印、导出等操作，方便管理人员归档管理。

2. 日志管理

漏损控制平台通过电子日志的形式实现日常漏损控制日志管理，日志内容主要包含管网运行情况、平台漏损预警情况、人工检漏区域及时间、漏损修复情况及时间、相关建议措施等，工作人员可通过电子日志管理提醒交接班人员须注意的事项，同时也在潜移默化中增强了工作的目的性和针对性，提高了工作的主动性和创造性，加强了工作的计划性和科学性。

3. 设备管理

在设备管理环节通过添加、删除、修改设备信息完成设备信息的操作活动，也可实现每一阶段设备库的更新记录查询，例如设备损耗、设备更新等，使设备管理由被动管理转为主动管理。

4. 工单管理

平台中的工单管理用于记录与跟踪漏点等各类维修任务的处理情况。一方面可以使维修人员能快速到达现场并及时有效地处理各种维修任务，减少故障时间，提高供水安全性。另一方面，可以实现水务公司管理部门与户外维修人员的实时数据通信，形成公司内部统一的电子化派单、电子化销单的工作流程控制，提高服务质量。

5. 系统权限管理

系统权限管理包含了用户配置、站点配置、报警配置、系统配置、设备配置及其他配置六大功能的访问权限设置，可针对不同部门对数据及业务流程的不同需求制定相应权限。彻底解决以往系统配置复杂、无法灵活管理访问权限，采集参数无法在线配置等问题，极大地提高了公司的业务管理效率。

7.4 本 章 小 结

在智慧水务发展的快车道上，管网漏损控制与智慧化管理是一项综合技术与管理结合的系统工程，为了实现全国公共供水管网漏损率控制在 10％以内的目标，在传统漏损控制技术的基础上建立管网漏损控制智慧管理平台，结合大数据分析技术及管网建模技术，为实现漏损控制目标提供强大助力。

本章围绕管网漏损控制智慧管理平台的建设作了详细阐述，分别在平台系统架构及平台功能应用两方面给出了详细的解释。

在平台系统架构方面，围绕数据中心、数据访问以及数据处理介绍了架构中的数据治理层，给出了供水数据储存、访问及处理的解决方案；随后介绍了以调度机制为基础的架构计算分析层，对比分析了当前常用的作业调度框架，为实现预测算法、漏损识别算法等业务分析算法奠定基础；最后介绍了架构中的系统应用层，并在平台软件设计结构层面对比分析了 B/S 结构以及 C/S 结构，为用户搭建管理平台提供了指导。

在平台功能应用方面，围绕数据在线监测采集、模型运行分析、数据运行分析、报表统计及系统管理方面做了详细介绍。首先，介绍了水量、流量、压力、设备及分区数据等的采集监测，为运行分析准备基础；随后，从水量平衡分析、水量预测分析、实时模拟分析、计量分布分析、压力分区管理分析以及漏损区域识别分析等几方面着手，阐述了漏损控制智慧管理平台智慧分析功能；接着介绍了平台应具备的诸如区域流量报表、区域压力合格率报表、漏损统计报表等多种报表功能，从而为管网调度、检漏做出合理决策，保障供水安全可靠；最后为帮助供水企业完善工作流程，提高工作效率，提出了包括调停水作业管理、日志管理、设备管理、工单管理以及系统权限管理的系统管理应用模块，从而完善了平台运行应用效果。

参 考 文 献

[1] Liemberger R，Wyatt A．Quantifying the global non-revenue water problem[J]．Water supply，2019，19(3)：831-837.

[2] 曹徐齐，阮辰旼．全球主要城市供水管网漏损率调研结果汇编[J]．净水技术，2017，36(4)：6-14.

[3] 李印泉．供水企业输配水管网漏损控制措施的探讨[J]．城市建设理论研究(电子版)，2013(18).

[4] 余蔚茗．城市水系统水量平衡模型与计算[D]．上海：同济大学环境科学与工程学院，2008.

[5] 李爽，韩伟．基于实例的供水系统水量平衡分析研究[J]．城镇供水，2011，(6)：88-90.

[6] 郑小明，王海龙，赵明等．水平衡测试法用于城乡统筹供水管网漏损控制[J]．供水技术，2011，5(5)：28-31.

[7] 路文丽．给水管网漏水量分析与动态模拟计算方法研究[D]．上海：同济大学环境科学与工程学院，2007.

[8] Heusser Jonathan，Malacaria Pasquale．Quantifying information leaks in software[C]．proceedings of the Proceedings of the 26th Annual Computer Security Applications Conference，ACM，F，2010.

[9] 中国城镇供水排水协会，北京市自来水集团有限责任公司．城镇供水管网漏损控制及评定标准 CJJ 92—2016 [S]．北京：中国建筑工业出版社，2016.

[10] 宋胜山．谈"最近期日平均售水量"的计算[J]．中国给水排水，1992，(6)：37-39.

[11] 公安部四川消防研究所．自动喷火灭火系统施工及验收规范 GB 50261—2017 [S]．北京：中国计划出版社，2017.

[12] 上海市政工程设计研究总院(集团)有限公司．室外排水设计标准 GB 50014—2021[S]．北京：中国计划出版社，2021.

[13] 上海市政工程设计研究总院(集团)有限公司．室外给水设计标准 GB 50013—2018[S]．北京：中国计划出版社，2018.

[14] 北京市政建设集团有限责任公司．给水排水管道工程施工及验收规范 GB 50268—2008 [S]．北京：中国建筑工业出版社，2008.

[15] 陶涛，李飞，信昆仑．供水管网漏损率估算方法分析[J]．给水排水，2014，50(8)：116-119.

[16] 国家市场监督管理总局．中华人民共和国国家计量检定规程——饮用冷水水表 JJG 162—2019 [S]．浙江：中国计量出版社，2019.

[17] Lambert A. O.，Fantozzi M．Recent advances in calculating economic intervention frequency for active leakage control，and implications for calculation of economic leakage levels [C]，Greece：IWA International Conference on Water Economics，Statistics and Finance，2005-7-8.

[18] Mutikanga H. E.，Sharma S. K.，Vairavamoorthy K．Assessment of apparent losses in urban water systems [J]．Water and Environment Journal，2011，25(3)：327-335.

[19] Buchberger S. G.，Nadimpalli G．Leak estimation in water distribution systems by statistical analysis of flow readings [J]．Journal of Water Resources Planning and Management-Asce，2004，130(4)：321-329.

[20] Colombo A. F.，Karney B. W．Energy and costs of leaky pipes：Toward comprehensive picture [J]．Journal of Water Resources Planning and Management-Asce，2002，128(6)：441-450.

[21] (英)斯图尔特·汉密尔顿，(南非)罗尼·麦肯齐．供水管理与漏损控制 [M]．北京：中国建筑工业出版社，2017.

[22] 张孟涛，刘阔. 城市供水管网的分区域管理模式研究[J]. 城镇供水，2008(2)：65-66.

[23] 李斌，张国力，聂锦旭，蒋浩. 给水管网 DMA 优化分区方法研究综述[J]. 广东工业大学学报，2018，35(2)：19-27.

[24] Herrera M，Canu S，Karatzoglou A，et al. An approach to water supply clusters by semi-supervised learning[C]//International Environmental Modelling and Software Society，2010.

[25] Di Nardo A，Di Natale M，Giudicianni C，et al. Water Supply Network Partitioning Based On Weighted Spectral Clustering[C]// Complex Networks & Their Applications V. Studies in Computational Intelligence. Springer，Cham，2016，797-807.

[26] Sela Perelman L，Allen M，Preis A，et al. Automated sub-zoning of water distribution systems [J]. Environmental Modelling & Software，2015，65：1-14.

[27] 张飞凤. 供水管网优化压力控制漏失研究[D]. 哈尔滨：哈尔滨工业大学，2012.

[28] 叶健. 结合图论和评价体系的城市供水管网 PMA 分区优化研究[D]. 哈尔滨：哈尔滨工业大学市政环境工程学院，2015.

[29] Clauset A，Newman ME，Moore C. Finding community structure in very large networks[J]. Physical Review E：Statistical Nonlinear & Soft Matter Physics，2004，70(6)：066111.

[30] 刁克功. 分区管理模式给水管网的水力分析与模拟技术研究[D]. 北京：北京工业大学建筑工程学院，2011.

[31] Zhou Y，Diao K，Rauch W. Automated Creation of District Metered Area Boundaries in Water Distribution Systems[J]. Journal of Water Resources Planning and Management，2013，139(2)：184-190.

[32] Diao K，Fu G，Farmani R，et al. Twin-Hierarchy Decomposition for Optimal Design of Water Distribution Systems [J]. Journal of Water Resources Planning and Management，2016，142(C40150085SI).

[33] Diao K，Guidolin M，Fu G，et al. Hierarchical Decomposition of Water Distribution Systems for Background Leakage Assessment[J]. Procedia Engineering，2014，89(89)：53-58.

[34] Ciaponi C，Murari E，Todeschini S. Modularity-Based Procedure for Partitioning Water Distribution Systems into Independent Districts [J]. Water Resources Management，2016，30 (6)：2021-2036.

[35] Campbell E，Izquierdo J，Montalvo I，et al. A Novel Water Supply Network Sectorization Methodology Based on a Complete Economic Analysis，Including Uncertainties[J]. Water，2016，179(8)：1-19.

[36] Awad H，Kapelan Z，Savic DA. Optimal setting of time-modulated pressure reducing valves in water distribution networks using genetic algorithms[C]//San Francisco，CA：Symposium on Ion Beams and Nano-Enineering，2009.

[37] Tarjan R. Depth first search and linear graph algorithms[J]. SIAM Journal on Computing，1972，1：146-160.

[38] Nardo AD，Natale MD，Santonastaso GF. A comparison between different techniques for water network sectorization[J]. Water Science & Technology Water Supply，2014，14(14)：961-970.

[39] Di Nardo A，Di Natale M，Santonastaso GF，et al. Water Network Sectorization Based on Graph Theory and Energy Performance Indices[J]. Journal of Water Resources Planning and Management，2013，140(5)：620-629.

[40] Di Nardo A，Di Natale M，Santonastaso GF，et al. Water network sectorization based on a genetic algorithm and minimum dissipated power paths[J]. Water Science & Technology：Water Supply，

2013，13(4)：951-957.

[41] Dijkstra EW. A note on two problems in connexion with graphs[J]. Numerische Mathematik，1959，1(1)：269-271.

[42] Nardo AD，Natale MD，Greco R，et al. Ant Algorithm for Smart Water Network Partitioning[J]. Procedia Engineering，2014，70：525-534.

[43] Comellas F，Sapena E. A multiagent algorithm for graph partitioning[J]. Lecture Notes in Computer Science，2006，3907(1)：279-285.

[44] Ferrari G，Savic D，Becciu G. Graph-Theoretic Approach and Sound Engineering Principles for Design of District Metered Areas[J]. Journal of Water Resources Planning and Management，2014，140(0401403612).

[45] Pohl IS. Bi-directional and heuristic search in path problems[D]. Stanford：Stanford University，1969.

[46] Hajebi S，Temate S，Barrett S，et al. Water Distribution Network Sectorisation Using Structural Graph Partitioning and Multi-Objective Optimization [J]. Procedia Engineering，2014，89：1144-1151.

[47] Hajebi S，Roshani E，Cardozo N，et al. Water distribution network sectorisation using graph theory and many-objective optimisation[J]. Journal of Hydroinformatics，2016，18(1)：77-95.

[48] Scarpa F，Lobba A，Becciu G. Elementary DMA Design of Looped Water Distribution Networks with Multiple Sources[J]. Journal of Water Resources Planning & Management，2016，142(6)：1-9.

[49] 张楠. 城市供水管网分区管理技术优化研究[D]. 天津：天津大学环境科学与工程学院，2012.

[50] 王光辉，韩伟，魏道联等. DMA分区管理在首创水务公司供水管网中的应用[J]. 给水排水，2010，36(4)：111-114.

[51] 刘航飞，汪俊杰. 供水管网区块化的研究与应用[J]. 供水技术，2013，7(3)：45-47.

[52] 曾翰. 供水管网漏损控制中优化分区与压力管理技术研究[D]. 上海：同济大学环境科学与工程学院，2018.

[53] Elhay S，Piller O，Deuerlein J，et al. A Robust，Rapidly Convergent Method That Solves the Water Distribution Equations For Pressure-Dependent Models[J]. Journal of Water Resources Planning & Management，2016，142(2)：1-12.

[54] Rajani B，Kleiner Y. Comprehensive review of structural deterioration of water mains：physically based models[J]. Urban water，2001，3(3)：151-164.

[55] Kleiner Y，Rajani B. Comprehensive review of structural deterioration of water mains：statistical models[J]. Urban water，2001，3(3)：131-150.

[56] Doleac M L，Lackey S L，Bratton G N. Prediction of time-to failure for buried cast iron pipe[C]. Denver：Proceedings of American water works association annual conference，1980.

[57] Rajani B，Makar J. A Methodology to Estimate Remaining Service Life of Grey Cast Iron Water Mains[J]. Canadian Journal of Civil Engineering，2001，27(6)：1259-1272.

[58] Ahammed M，Melchers R E. Reliability of Underground Pipelines Subject to Corrosion[J]. Journal of Transportation Engineering，1994，120(6)：989-1002.

[59] Moglia M，Davis P，Burn S. Strong exploration of a cast iron pipe failure model[J]. Reliability Engineering & System Safety，2008，93(6)：885-896.

[60] Kettler A J，Goulter I C. An analysis of pipe breakage in urban water distribution networks[J]. Revue Canadienne De Génie Civil，1985，12(2)：286-293.

［61］ Shamir U，Howard C D D．An Analytic Approach to Scheduling Pipe Replacement［J］．Journal ：American Water Works Association，1979，71(5)：248-258．

［62］ Walski T M，Pelliccia A．Economic analysis of water main breaks［J］．Journal ：American Water Works Association，1982，74(3)：140-147．

［63］ Clark R M，Stafford C L，Goodrich J A．Water distribution systems：A spatial and cost evaluation ［J］．Journal of the Water Resources Planning & Management Division，1982，108(3)．

［64］ Cox D R．Regression Models and Life-Tables［J］．Journal of the Royal Statistical Society，1972，34(2)：187-220．

［65］ Jeffrey L A．Predicting urban water distribution maintenance strategies ：a case study of New Haven，Connecticut［D］．Massachusetts：Massachusetts Institute of Technology，1985．

［66］ Andreou S A，Marks D H，Clark R M．A new methodology for modelling break failure patterns in deteriorating water distribution systems：Theory［J］．Advances in Water Resources，1987，10(1)：2-10．

［67］ Andreou S A，Marks D H，Clark R M．A new methodology for modelling break failure patterns in deteriorating water distribution systems：Applications［J］．Advances in Water Resources，1987，10 (1)：11-20．

［68］ Park S，Jun H，Kim B J，et al．The Proportional Hazards Modeling of Water Main Failure Data Incorporating the Time-dependent Effects of Covariates［J］．Water Resources Management，2011，25(1)：1-19．

［69］ Kimutai E，Betrie G，Brander R，et al．Comparison of statistical models for predicting pipe failures：Illustrative example with the City of Calgary water main failure［J］．Journal of Pipeline Systems Engineering and Practice，2015，6(4)：1-11．

［70］ Lei J，Sgrov S．Statistical approach for describing failures and lifetimes of water mains［J］．Water Science & Technology，1998，38(6)：209-217．

［71］ 孙莹．基于生存分析的城市供水管网经济更换时间预测［D］．天津：天津理工大学环境科学与安全工程学院，2014．

［72］ Shirzad A，Tabesh M，Farmani R．A comparison between performance of support vector regression and artificial neural network in prediction of pipe burst rate in water distribution networks［J］．Ksce Journal of Civil Engineering，2014，18(4)：941-948．

［73］ Ahmad A，Mcbean E，BahramGharabaghi，et al．Forecasting watermain failure using artificial neural network modelling［J］．Canadian Water Resources Journal，2013，38(1)：24-33．

［74］ Achim D，Ghotb F，McManus K J．Prediction of Water Pipe Asset Life Using Neural Networks ［J］．Journal of Infrastructure Systems，2007，13(1)：26-30．

［75］ Harvey R，McBean E A，Gharabaghi B．Predicting the Timing of Water Main Failure Using Artificial Neural Networks［J］．Journal of Water Resources Planning and Management，2014，140(4)：425-434．

［76］ Kabir G，Demissie G，Sadiq R，et al．Integrating failure prediction models for water mains：Bayesian belief network based data fusion［J］．Knowledge-based Systems，2015，85：159-169．

［77］ Kabir G，Tesfamariam S，Sadiq R．Bayesian model averaging for the prediction of water main failure for small to large Canadian municipalities［J］．Canadian Journal of Civil Engineering，2016，43 (3)：233-240．

［78］ Kabir G，Tesfamariam S，Loeppky J，et al．Integrating Bayesian Linear Regression with Ordered Weighted Averaging：Uncertainty Analysis for Predicting Water Main Failures［J］．ASCE-ASME

Journal of Risk and Uncertainty in Engineering Systems Part A：Civil Engineering，2015，1 (3)：04015007.

[79] 王晨婉. 基于贝叶斯理论的供水管道风险评价研究 [D]. 天津：天津大学环境科学与工程学院，2010.

[80] 殷殷. 供水管网性能综合评价研究 [D]. 天津：天津大学环境科学与工程学院，2012.

[81] 钱俊，周业明，陈平雁. Cox 比例风险假定的线性相关检验及应用[J]. 中国卫生统计，2009(3)：261-263.

[82] 严若华，李卫. Cox 回归模型比例风险假定的检验方法研究[J]. 中国卫生统计，2016(2)：345-349.

[83] Wagner，J. M.，Shamir，U.，and Marks，D. H.，Waterdistribution reliability：simulation methods[J]. Journal of WaterResources Planning and Management，ASCE，1988，114 (3)：276-294.

[84] Lambert A.，What do we know about pressure：leakage relationship in distribution systems[C]// Brno，Czech Republic：IWA Conference System Approach to Leakage Control and Water Distribution Systems Management，2006-5.

[85] Araujo L，Ramos H，Coelho S. Pressure Control for Leakage Minimization in Water Distribution Systems Management[J]. Water Resource Management，2006，20(1)：133-149.

[86] Xin-She Yang S D. Cuckoo Search via L'evy Flights[J]. World Congress on Nature & Biologically Inspired Computing，2009，3(9)：210-214.

[87] Valian E，Tavakoli S，Mohanna S，et al. Improved cuckoo search for reliability optimization problems[J]. Computers & Industrial Engineering，2013，64(1)：459-468.